天下．文化
BELIEVE IN READING

無印良品
成功
90%靠制度

無印良品は、仕組みが９割 仕事はシンプルにやりなさい

[不加班、不回報
也能創造驚人營收的究極管理]

向無印良品學簡單但精準的思考，你就能做得更少、卻做得更好！

江裕真 譯

良品計画會長
松井忠三 著

制度是千錘百鍊的最佳實務

台大國企系教授、美國麻省理工學院企管博士　湯明哲

　　企業管理會跟著企業的成長而改變，企業在草創初期靠的是目視管理（eyeball management），以直覺做決策，好處是可以隨時改變，壞處是沒有可以追尋的規則，而且沒有延續性，公司的大小就完全看老闆腦袋的大小。

　　當公司規模變大，決策不能沒有延續性和一致性，因此，必須建立健全的管理制度，才能管理大規模的公司。國內管理制度最有名的就是台塑集團。台塑的管理事實上就是「管理靠制度，制度靠表單，表單靠電腦」。管理制度是增加公司的經營效率，但像無印良品單靠建立制度，就能使公司轉虧為盈的

例子，還是非常罕見。

制度決定執行力

———

本書詳細介紹無印良品如何在堅持原有的經營管理念下，靠著建立標準作業程序（Standard Operating Procedure），和注重細節的管理制度，鉅細靡遺的精進，逐步改良各項企業活動，終於能夠再創公司業績高峰，這和國內許多公司靠直覺的管理方式大相逕庭。

本書也強調了各項管理制度的重要。制度就是商業智慧的結晶，將過去的經驗去蕪存菁，最後落實成企業的最佳實務（best practice），但這些累積的知識都是口耳相傳的默會知識，一定要明文化，才能達到知識擴散的效果，這些明文化的做法累積起來就是制度。

制度指的是企業內正式的做事方法。企業透過一系列活動創造價值，制度序就是進行這些活動的方式，例如，組織必須做售後服務的活動，以賺取顧客的終身價值，如何做售後服務

是一個制度，服務人員如何回答顧客抱怨，如何對顧客進行技術指導，都是一套套的程序。當這些程序形成一套套制度後，組織透過這些制度來發展組織的能力，而組織能力在競爭的環境下接受考驗，績效也於焉產生。

以台塑集團為例，降低成本是台塑集團的獨特能力之一，台塑設立了環環相扣的採購、流程排定、資財管理制度，事實上，這些制度即是企業經過千錘百鍊的最佳實務，將這些組織精華的知識落實為制度，建立做事的程序，可以將普通的資源轉化成獨特的競爭優勢，成就其成本領導地位。在台塑集團，制度的設計者在公司享有極高的地位。對於大型公司而言，制度的良窳決定公司執行力的高低。

建立管理制度的制度

本書就是制度設計和執行力的最佳寫照，無印良品從高峰滑落，在於人治而不是法治，不同的店長對於店面布置有不同的想法，每個員工對於公司的策略都有不同的理解，這如同蝗

蚣每隻腳都往不同的方向走，當然是原地踏步。本書作者接任社長後，在最短的時間內建立制度，在設計制度時，還要追根究柢，檢討制度設計的原則和目的，這些原則就必須貫穿所有制度，公司才能上下一致，全員統一努力方向。

　　制度既然是公司智慧的結晶，很少公司願意公布其制度，本書作者大膽的公布無印良品的制度和設計理念，值得讀者學習。讀者要注意徒有制度不執行也是無效，必須要建立資訊系統來監督、跟催和檢討制度的成效。換言之，一定要有管理制度的制度。

創造大數據時代的最佳武器

台灣無印良品總經理　梁益嘉

　　古語云：「不以規矩、不能成方圓」。MUJIGRAM的創立，正是起源自這個中心思想。

　　舉凡企業運行、制度建立都不脫出「人、事、時、地」的交互關係，MUJIGRAM的編纂，正是以四個W（What、Why、When、Who）為架構，規範出自門市到後勤所有工作項目的參照內容，讓所有身在無印良品的工作者都能有所依循，確保作業品質。

好制度讓每位員工都有主管力

MUJIGRAM的存在讓無印良品的企業文化不僅是口號，而能具體呈現在每一項工作流程中，透過「身為管理者思考」後的行為，讓每一位無印良品工作者都能具備主管力，進而更有效率的完成工作。

無印良品目前於全世界二十四個國家展開事業，致力於讓無印良品概念全球化，但在無印良品三十多年的發展史中卻並非一帆風順，二〇〇一年的時候甚至一度虧損達數十億日圓。松井會長於當時接下社長一職，對全體社員發布了「從零開始」的改革宣言，一方面將造成虧損的三十八億日圓不良庫存一口氣燒毀，一方面展開MUJIGRAM的製作，透過MUJIGRAM使全員得以共享情報、共享經驗、徹底改善工作品質，並反應在工作績效上。

由此開始，無印良品在短短兩年之內轉虧為盈，以V字反轉，並奠定了到今天為止順利發展的基石。

善用群體智慧，提升工作成效

MUJIGRAM的製作從第一頁開始到目前為止已累計達兩千頁，隨著無印良品的業務發展，頁數將持續增加。MUJIGRAM的編修並非由單一部門負責，而是由業務執行部門，根據執行結果來發起，也就是說，當工作者發現有比現行流程更佳的方案時，就可以提出內容修訂。MUJIGRAM就是在這樣群策群力的善循環之下與時並進，持續成為無印良品工作者的最佳參考。「行以規矩，而能創方圓」是MUJIGRAM進化到現在的最佳形容。

在大數據（Big Data）的時代當中，企業經營是否能自大數據中獲得先機，取決於關鍵資料的搜集與運用。MUJIGRAM正是將過去無印良品三十多年來的經營Know-how去蕪存菁製作而成。本書對於MUJIGRAM的製作想法多所著墨，相信對於企業在思考大數據時代的生存方式時，能提供相當的助益。

目錄

第 2 章 | 反敗為勝不靠改變員工，而靠制度

第 3 章 │ 排除經驗與直覺，精準執行

第 4 章│精準來自簡單

第 5 章 | 「努力就有成果」是有技巧的

第 6 章 | 培養簡單但精準的思考力

結語 | 不焦急、不墮落、不傲慢

讓所有努力直接連結到成果

無印良品內部有兩本厚厚的指導手冊，它們可以說是全體員工智慧與努力的結晶。

　　一本寫的是讓業務順利推動的「公司制度」，另一本寫的是店面服務的各種「標準」，可以說把「無印良品的一切」全都寫進去了。本書除了公開這些手冊的部分內容之外，也要把「利用制度創造組織效能的工作方法」逐步介紹給各位。

　　一聽到指導手冊，大家或許會聯想到「沒有情感的冰冷資料」，但無印良品的指導手冊絕非那種枯燥無味的資料堆疊，而是一套極具智慧的「工具」，不但能讓員工生氣勃勃地處理每天的工作，還能創造出具體成效，是一本能讓員工可以快樂而有效率做事，且能逐步在工作中創造成果的工作範本。

魔鬼藏在制度裡

————

　　我目前在負責經營無印良品的良品計画公司擔任會長，之所以願意主動公開無印良品的經營祕訣，告訴大家建立公司良好制度的重要，主要是基於兩個原因。

這麼講或許有些自我膨脹，但其中一個原因是，我衷心希望所有企業都能夠一起努力，讓日本的經濟復甦。目前日本經濟深陷苦境，面臨許多挑戰，許多商界人士每天也都不斷努力，希望突破困境，但問題是，他們的「努力」往往未能帶來應有的「成果」。

所以，我一直在想，該如何幫助大家？

我想到「過去經營狀況曾出問題的無印良品」或許可以提供大家一些突破困境的線索。

託各位的福，如今無印良品已成為日本的國民品牌，也以「MUJI」的名號在全球闖出一番成績，成為眾所周知的日本品牌。

然而，過去的我們，也有一段時期因為業績惡化，使得業界認為「無印良品恐怕已經不行了」，我正是在這段跌落谷底的時期接任社長的。

那時，我最先採取的措施既不是減薪、裁員，也不是縮小事業規模，而是打造建立工作標準的制度。

簡單講，那是一個「把努力連結到成果的制度」、「累積經驗與直覺的制度」以及「徹底免除無謂之舉的制度」，也是

無印良品復甦的原動力。

　　我一直認為良好的制度，如同組織的基石。假如基石建得不夠穩，就算再怎麼裁員，依然無法去除業績不振的根本因素，企業終將衰退。就像凡事都必須先有「基礎」，才有「應用」一樣，企業倘若缺乏制度，也將無法產生「智慧」，更遑論創造「營收」。

　　相對的，若能建立簡單完成工作的制度，就能省去無謂的作業；若能建立可共享資訊的制度，就能提高工作速度；若能建立可累積經驗與直覺的制度，就能彈性活用人才；甚至若能建立不加班的制度，就能提高生產力。

　　諸如此類的「制度」，已遍及無印良品內部各種業務和單位。

　　「魔鬼藏在細節裡」這句話是德國建築家密斯・凡・德羅（Ludwig Mies van der Rohe）的名言。

　　關於這句話有各種不同的解讀，而我的解讀是：「對於細節的堅持程度，將決定作品的本質」。一個企業實力的高低，同樣也取決於對細節的追求，而當中的關鍵就靠良好的制度了。

好制度讓工作事半功倍

————

　　另一個原因是，我認為無論身處何種產業、何種位置，「重視制度」都是一種有助於把工作做好的思維。

　　閱讀本書，除了企業經營者必定受益之外，我相信一般上班族也將獲益良多，特別是那些在企業擔任部長、課長職位的團隊領導人。

　　領導人要完成的工作既繁且多。如果你正為帶領部門的績效煩惱，何不先試著重新審視一下內部的制度？我認為大半的煩惱，都可從中獲得解決。

　　對主管來說，不論是為了衝高業績而訂定嚴格業績目標，或是為了績效激發部屬的幹勁，都很重要。但除此之外，領導者也應試著建立良好的運作制度。一旦建立起制度，員工就會自然而然改變行為。

　　許多與團隊成效或工作效率有關的煩惱，我認為都可以在本書中找到答案。

　　團隊領導人假如無法建立起「把努力連結到成果的制度」，企業只會愈來愈萎靡不振。相對的，若能建立起提升工

作生產力的制度，相信任何企業的業績都渴望復甦，繼而使國家的經濟復甦，這也是我衷心期望的。

　若能藉由本書重振日本企業，將是我最感欣慰的事。

松井忠三

第1章

先有「標準」，才能「改善」

回到所有工作的原點

———

無印良品每個店面都有指導手冊，我們將它叫做「MUJIGRAM」；而店舖開發部與企畫室等總公司的業務項目也有指導手冊，我們稱之為「業務標準書」。

這兩份「指導手冊」中，記載了無印良品各項工作的技巧、態度與細節，從公司的經營、商品的開發、賣場的陳列，乃至於如何接待顧客都有精要的說明。MUJIGRAM總計有兩千頁，其中穿插了許多照片、插圖以及圖表。

公司之所以製作這麼厚的一本指導手冊，目的在將原本仰賴個人經驗或直覺的各項業務制度化，以累積眾人的工作技巧和智慧。

那麼，為何要把個人的經驗與直覺累積起來呢？

其中一個原因是「為了提高團隊的執行力」，因為有了指導手冊，任何員工碰到任何問題，就算主管不在現場，只要參閱指導手冊，就能順利解決問題，不會無法決定、無所適從。光是這樣，團隊就能發揮執行力，提高工作成效。

處理工作前該做的事

（1）何謂收銀結帳工作

■（是什麼）向顧客收取購買商品的款項，再把商品交給顧客。
■（為什麼）收銀結帳工作占店面業務的20%，是很重要的工作（參照圓餅圖）。
■（何時）隨時
■（誰來做）全體店員
※多數分店每天會幫千名顧客結帳。
※結帳時往往也是讓顧客產生「買下這東西真好」、「真是一間好店」等感受的好機會。

在指導手冊中，每項工作都會先確認該工作的「意義」與「目的」

好處還不單單是這樣而已。

在指導手冊中，每項工作一開始，都會先寫出為何會有這項工作的存在，也就是會簡要說明這項工作或業務的「意義」與「目的」。其中不僅會提到「該怎麼做」，也會指出這項工作「希望實現什麼」，以導引員工不偏離工作的核心與重點。

而理解作業的意義之後，也就容易找出問題點與值得改善之處。所以，指導手冊既是培養執行力的教材，也是讓員工思考自己「該如何做事」的指南針。

由於這份指導手冊裡寫滿無印良品的企業機密，原本應該嚴格禁止對外公開，但這次為了這本書，我特別公開部分內容，把無印良品成功的祕訣介紹給各位。

【無印良品的指導手冊（1）】

各種工作都可以標準化

不用說，相當於店舖「門面」的店頭陳列必須做到吸引路人的目光、引起消費者的興趣，讓他們想要走進店裡。

大家或許會覺得，模特兒的服飾如何搭配，是一種「仰賴個人品味與經驗的工作」，但無印良品還是把它寫進指導手冊裡。若是想認真學習怎麼穿搭，要記的東西確實無窮無盡，但是，在MUJIGRAM裡，只用一頁的篇幅，就道盡了搭配服飾的重點。

例如，在說明模特兒的穿搭呈現上，無印良品的手冊只會以「穿搭時以△形或▽形為原則」、「模特兒全身服飾必須在三種顏色以內」兩點提醒員工。除此之外，就會以另外的參考

沒有「無法寫進指導手冊」的工作
「店頭陳列」的指導內容

（12）假人模特兒的服飾搭配要點

■輪廓的均衡
把輪廓調整成△形或▽形。

上半身服飾「較長」時，下半身搭配「較短」或「較細窄」的服飾，構成▽形的均衡。

上半身服飾較寬大時，下半身服裝就搭配緊窄樣式，構成▽形的均衡。

同時有兩件以上一起陳列時，就加入「花色」創造出視覺重點。

■顏色的均衡
基本色要控制在三色以內。

使用三色的實例

使用三色的實例

用皮帶或鞋子多增加一種強調色，可帶來收緊的視覺效果。

披肩配合衣服的顏色，可呈現很不錯的均衡。

就連大家以為需要經驗的業務項目，照樣可以簡潔地「標準化」

頁面解說關於顏色的基礎知識。

有了這樣的內容，任誰都能一面摸索，一面學會如何幫假人模特兒搭配衣服，而且即使是新進員工，一樣懂得該怎麼精準執行這件事。

任何工作都存在著「把它做好的法則」，而我們會先找出它來，再予以標準化。

〔無印良品的指導手冊（2）〕
商品命名也是一門學問
———

無印良品的商品標籤上，都會寫上「商品名稱」與「商品說明」（後面會詳加敘述）。這張標籤除了說明商品外，還必須呈現出「無印良品的風格」。

如果負責製作商品標籤的人只依自己的想法去做，標籤很可能會出現各種不同的格式與味道。因此，在我們的業務標準書裡，也會預先決定好如何為商品命名，以及如何設想廣告詞。例如：

一家公司的理念會顯現在它的指導手冊上
商品命名的指導頁面

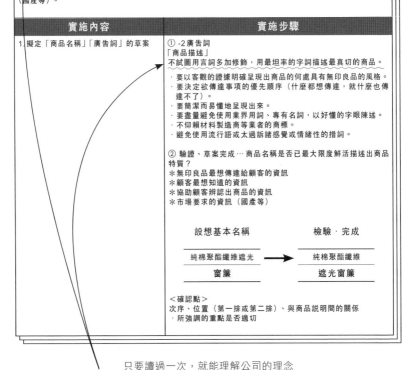

作業項目概述（目的、基本思維、要點）

I 要製作讓顧客易懂的「商品名稱」以及足以傳達出開發意圖的「廣告詞」

無印良品的商品名稱如何命名？首要之務在於讓顧客易於理解

在這個原則下，再構思能夠最能鮮活描述商品的名稱。每件商品要特別強調的重點各不相同。
無印良品最想傳達給顧客的資訊、顧客最想知道的資訊、協助顧客辨認出商品的資訊、市場要求的資訊
（國產等）。

實施內容	實施步驟
1.擬定「商品名稱」「廣告詞」的草案	① -2 廣告詞 「商品描述」 不試圖用言詞多加修飾，用最坦率的字詞描述最真切的商品。 · 要以客觀的證據明確呈現出商品的何處具有無印良品的風格。 · 要決定欲傳達事項的優先順序（什麼都想傳達，就什麼也傳達不了）。 · 要簡潔而易懂地呈現出來。 · 要盡量避免使用業界用詞、專有名詞，以好懂的字眼陳述。 · 不仰賴材料製造商等業者的商標。 · 避免使用流行語或太過訴諸感覺或情緒性的措詞。 ② 驗證、草案完成…商品名稱是否已最大限度鮮活描述出商品特質？ ＊無印良品最想傳達給顧客的資訊 ＊顧客最想知道的資訊 ＊協助顧客辨認出商品的資訊 ＊市場要求的資訊（國產等） 設想基本名稱　　　　　　　檢驗·完成 純棉聚酯纖維遮光　→　純棉聚酯纖維 　窗簾　　　　　　　　　遮光窗簾 <確認點> 次序、位置（第一排或第二排）、與商品說明間的關係 · 所強調的重點是否適切

只要讀過一次，就能理解公司的理念

「無印良品的商品名稱如何命名？首要之務在於讓顧客易於理解。」

「可以使用羊毛、麻、棉等天然素材的名稱，但不要用『cotton』（棉）、『hemp』（麻）之類的字眼。」

「用詞不需要多加修飾，只要用最坦率的字詞描述商品的特色。」

這樣的說明就能將無印良品的理念傳達出來。換句話說，訂出這樣的標準後，「無印良品的風格」就會慢慢形塑出來，而且，實際看到商品標籤的顧客，也能夠感受到。

總之，無印良品的指導手冊，會清清楚楚傳達出「這家公司重視的是什麼」。

〔無印良品的指導手冊（3）〕

提升工作效率靠制度

不僅如此，員工的工作效率也會因為「良好的制度」而有

所提升。

例如，無印良品總公司規定「晚上六點半後不加班」。而這項規定會讓員工開始思考，「我應該優先做什麼事、不做什麼事，才能不加班」，於是，就會自然而然採取提高生產力的行動了。

此外，無印良品內部也訂有「往來廠商的名片必須分享出來」、「談生意的內容要和大家共享」等規定。這可以讓和廠商往來的負責人員，只要一搜尋就能找到資料，省去許多搜尋工夫，也能避免重複登錄的無謂之舉。

也就是說，一個管理有道的公司會先建立制度，然後共享、實踐，使得績效逐步改善。

不僅無謂的作業將因而減少，處理工作時也將更為果決，這麼一來，就能更加專注投入工作。

當然，工作效率也就跟著慢慢提升了。

如何提高效率、提升團隊能力？
「共享資訊」的制度

店舖開發部　業務標準書

業務			名片管理		
大項目	實施頻率			實施者	
管理	每天	每年			
中項目	每週	隨時 ○			
管理	每月				
小項目	每季		上次修改日期	負責人	修改日期
名片管理	每半年		2010.7.7		2011.8.2

業務概述（目的、基本思維、要點）

（做什麼）管理往來廠商等對象的名片。

（為何）為了更有效率搜尋往來廠商負責人的資訊（公司名、單位名、職稱、聯絡方式、談生意日期等），以及與大家共享資訊

（何時做）隨時

（誰來做）課長

↑共享「名片資訊」

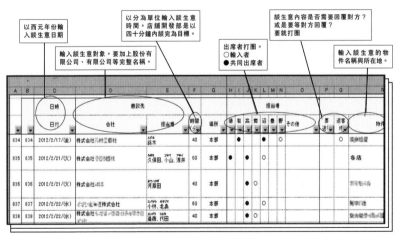

↑分享「談生意內容」

打造持續致勝制度的關鍵

如果是像無印良品這樣在全球開設連鎖店的企業，「開店地點」即是決定經營成敗的一大關鍵。

事實上，在無印良品裡，就連「判斷開店與否」，也都是根據業務標準書來決定。

因為我們把和開店有關的評估事項全都寫進手冊裡，像是如何搜集候補地點的資訊、如何到當地調查，以及開店後如何預測銷售額等等，都扼要寫在手冊中，然後根據搜集到的資料評分，再由高至低評定該店面是S級、A級、B級、C級，還是D級等，C級以上的候補地點就會考慮開店。

把這一連串的流程制度化後，就能避免單憑市場開發人員的印象或直覺做判斷，而且無論誰來做，都同樣能夠做好評估工作。

甚至到國外展店時，也會根據為國外設置的開店標準進行評估，決定是否開店。我們之所以能成功進軍海外，這個手冊可說功不可沒。

不靠印象或直覺做決定
「評估開店候補地點」的指導頁面

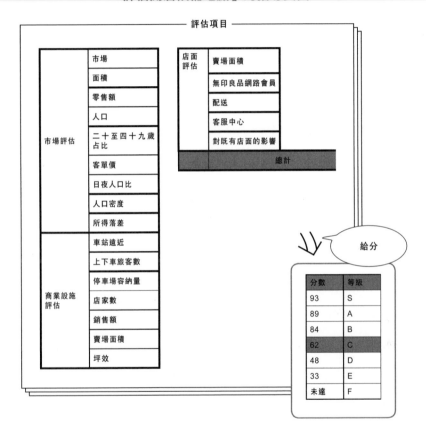

評估項目		
市場評估	市場	
	面積	
	零售額	
	人口	
	二十至四十九歲占比	
	客單價	
	日夜人口比	
	人口密度	
	所得落差	
商業設施評估	車站遠近	
	上下車旅客數	
	停車場容納量	
	店家數	
	銷售額	
	賣場面積	
	坪效	

店面評估	賣場面積
	無印良品網路會員
	配送
	客服中心
	對既有店面的影響
	總計

給分

分數	等級
93	S
89	A
84	B
62	C
48	D
33	E
未達	F

針對約二十個評估項目給分，鎖定可行的開店地點。訂出任何
人都能做出相同評估結果的「定量項目」。

廣納「更好做法」的知識

相信如果不是我們公司的人看到MUJIGRAM手冊的內容，一定會訝異「竟然連這麼細的事項都納入規範」！

例如，無印良品的店面總共使用五種不同的衣架，手冊裡也將不同衣架的使用方式及注意事項，分別扼要說明，並附上照片解說。

這本手冊把一般人認為「只要口頭交待就足夠」的事，全都明文寫出。因為我一直認為，「工作細節」才是最應該寫進手冊的重點。

無印良品追求的是，顧客無論到哪家分店去，都能夠在相同的氛圍中，接受到相同的服務。店內的氛圍靠的是許多「細節」的累積，像是店內的格局、商品的陳列方式、員工的穿著、打掃的方式等等。但對於這樣的「細節」，每個人卻很容易憑著自己的判斷去處理，因此，很難在公司內部統一，就是因為這樣，才會需要指導手冊。

或許有人覺得「連這麼細的事都得事先決定好，豈不太麻煩了？」或「這不會讓工作變得像例行公事般無趣嗎？」

其實剛好相反，我們的指導手冊甚至會讓工作變得更有趣。

無印良品的指導手冊，是從第一線員工覺得「改成這麼做會比較好」的實用智慧累積而成的。

而且，員工每天在工作中都會找到新的問題點和可以改善的地方，最重要的是，我們會每個月更新一次指導手冊。不但工作方式會日益精進，大家在工作中，也會自然而然找尋尚可改進的地方。

我常用「血路通了」來形容這種工作順暢、不停創新的情形，而MUJIGRAM以及業務標準書，就是無印良品的血管。

血管如果堵塞，無論是組織，還是人，都會出現動脈硬化。企業這種生物，必須持續追求成長，否則一轉眼就會衰退，不能只求「維持現狀」。

相對的，只要指導手冊不斷更新下去，企業就會不斷成長。工作事項的指導手冊，其實也是用於衡量企業成長狀況的指標。

不知各位所處的公司如何呢？下一章，我將分享什麼是「注重指導手冊（制度）」的工作方式。

何謂「無印良品的指導手冊」？
本書中介紹的兩種指導手冊，架構如下：

MUJIGRAM

1. 到賣場開始提供服務之前　　2. 收銀業務‧會計
3. 店內業務（接受與執行指示）　4. 配送‧自行車
5. 賣場設計　　　　　　　　　6. 商品管理
7. 後方管理　　　　　　　　　8. 勞務管理
9. 危機管理　　　　　　　　　10. 開店準備
11. 店面管理　　　　　　　　　12. 歸檔

銷售員工TS（訓練制度）

業務標準書

1a 服飾‧雜貨部　　　　　　　1b 生活雜貨部／食品部
2 咖啡‧食品事業部／品質保質部／通路開發部
3 銷售部／業務改革部／客服中心　　4 海外事業部
5a 宣傳促銷室／流通推進組　　5b 店面開發部
6 資訊系統組／企畫室　　　　7 財務會計組
8 總務人事組　　　　　　　　9 無印良品網站

第 2 章

反敗為勝不靠改變員工，而靠制度

從虧損三十八億日圓的谷底反敗為勝

二〇〇一年八月，無印良品上半年財報出爐，卻出現了虧損三十八億日圓的驚人數字，這個消息深深衝擊了無印良品。

當時，無印良品這個品牌已經問世了二十年，並從原來的母公司西友集團獨立成為「良品計画」公司，經歷了十年左右的時間。

在那之前，無印良品一直都是年年成長，非常順遂。

那時是大家口中泡沫經濟破滅後「失落的十年」，整個社會因為長期不景氣而充斥著沉悶的氣氛，百貨公司與大型量販店的業績都低迷不振，但無印良品卻從未出現虧損，還在一九九九年創下營收 1,066 億日圓、經常利益（營業利益與營業活動外的損益之總計值）133 億日圓的好成績。

外界甚至用「無印神話」來描述無印良品驚人的成長態勢。然而，後來卻演變為三十八億日圓的虧損。很快的，外界的評語也變成「無印良品的時代已告結束」。就在公司內部蔓延一股「公司是不是快完蛋」的絕望氣氛時，我臨危受命接手擔任社長一職。

一般來說，企業一旦出現虧損，最先採取的做法通常不外乎藉由裁員或徵求自願優退員工來降低人事成本，或是收掉虧損部門、出售資產等。但以我之見，這些方式都無法徹底解決問題。

　　那麼，潛藏在無印良品內部的根本性問題究竟是什麼呢？

　　我的看法是，公司最大的問題在於，成立二十年後，品牌中原本帶有的「創新」精神，已經跟不上顧客的需求了。此外，無印良品過去屬於西友集團的一份子，也是一大因素。由於承續了西友過去隸屬的季節集團（Saison Group）過度重視經驗與直覺的文化，公司內部充斥著「經驗至上主義」，也就是員工凡事都聽從主管與前輩的指示。

　　因為缺乏累積工作技能與知識的制度，一旦負責該項業務的人離職，接替的人就必須從零開始重新學習。

　　但這樣的方式，已經跟不上近年來瞬息萬變的商業環境。

　　對此，我所設想的解決方案，就是本書主要要和大家分享的「制度」。

　　打造制度這件事，等於是在試圖改變企業文化，以及員工已經創造出來的風氣。換句話說，我要把染上季節集團色彩的

文化，重新染成無印良品的色彩。當時我堅信，這麼做能讓我們從谷底爬起來。

當然，關閉虧損的分店或縮小公司規模，以及重整海外事業等大手術，確實也有其必要性，但在做這些事的同時，我也開始重新審視公司內部的業務項目，希望在製作出MUJIGRAM與業務標準書等指導手冊後，能夠讓公司的Know-how徹底可視化。

結果在一番改革下，隔年，也就是二〇〇二年，公司立刻由虧轉盈，到了二〇〇五年更創下營收1,410億日圓、經常利益156億日圓，無印良品有史以來的最佳紀錄。我擔任社長的最後一個年度二〇〇七年度，甚至實現了連續三年創下歷史新高的營收紀錄，達到1,620億日圓，以及經常利益186億日圓的數字。

所以，只要打造出好的制度，我認為無論在任何時代，都能培養出致勝的組織文化。而且，不光是無印良品如此，任何企業都適用於這樣的法則。

我敢斷言，要想激發每位員工的工作動機，引出他們的最大潛能，讓組織強盛起來，靠的不是急遽的改革，而是讓他們

徹底養成踏實做好工作的習慣。

策略二流無妨，執行力一流就行

———

　　有些企業的策略一流，有些企業的執行力一流，我認為如果這兩種企業彼此競爭時，勝出的毫無疑問是後者。因為構思策略固然重要，但如果未能付諸實行，就沒有任何意義。

　　我擔任社長後，曾反覆閱讀一本書，那就是《執行力》（*Execution：The Discipline of Getting Things Done*；作者為賴利・包熙迪與瑞姆・夏藍，中文版由天下文化出版）。這本書主要在講「成功企業致勝背後的本質」，其中一位作者是曾實際經營過企業、在管理工作中奮戰過的企業家；另一位作者則是在哈佛大學暨西北大學任教，並於全球多家企業擔任顧問。

　　書中有許多讓我以螢光筆畫起來的重要內容，而其中的一句話令我印象格外深刻：

「有執行力的企業與沒有執行力的企業之間,有個很大的不同:它們不會歷經一再的討論,或是到度假村開會多次,卻依然沒有採取行動。」

據我所知,很多企業都是每天開好幾小時的會議,卻沒有做出任何結論,不斷留待下次會議再處理。

然而,不管企業的策略或計畫再怎麼綿密,只要沒有付諸實行,就不過是紙上談兵而已。我認為些許的策略錯誤,其實可以靠執行力彌補,但要想成功,最先該做的還是下定決心踏出第一步。

無印良品是在季節集團誕生的。在那個以發展品牌為主流的時代,季節集團刻意背道而馳,打算開發白牌的自有商品。那時廣告主打的口號是:「便宜是有原因的」。不僅商品的設計很簡約,此外,也重新挑選有別於既有商品的材質、節省生產流程中不必要的部分,包裝則走簡單化。這樣的方針與當時的社會相契,也因此受到顧客的喜愛至今。

季節集團很長於這樣的發想力以及構思事業的能力,但可惜的是,缺乏把發想出來的東西付諸實行的能力。

我在前往良品計画之前，是在西友公司服務。那時，為了讓季節集團的代表堤清二先生能夠認可我們提出的企畫案，我曾和西武百貨暨巴而可（PARCO）百貨的負責人一起撰寫內容龐大的提案書。那時，我忙著搜集資料寫這東西，還在教育訓練中心睡了大概一星期左右。

　　堤清二先生是很厲害的行銷家，要想寫出水準與他相當的企畫案，極為困難。如果只聽取第一線員工提供的資料就寫企畫案，肯定不會過關。寫案子的人必須盡可能擴大構想空間，有時候甚至無法顧及第一線員工的作業需求。

　　在這樣的情況下，就算企畫案順利通過，龐大的企畫內容也已經耗去了所有心力，根本沒什麼心力再去執行。而且，就算把案子拿去和他們溝通，往往也會因為在撰寫時無視於第一線員工的意見，被以「做不到」為由，直接打回票。

　　組織的規模愈大，高層與第一線員工之間的距離就愈遙遠，而這會使得公司變成一個缺乏執行力、光說不練、沒有行動能力的組織。

　　我之所以重視打造制度，就是為了讓無印良品藉由執行力成為一流的企業。那時，我們的口號是：「執行95%，計畫

5%」、「西友認為理所當然的事，我們不認為理所當然」。

　　各位不妨想想，你的公司是否曾因為內部彼此激烈爭辯，導致大家無心工作？

　　我一直認為，「公司的經營方向或策略不能透過討論決定」，應由高層決定整體方向和策略，大家必須敏銳觀察、快速行動，一旦高層決定方向，就要馬上全力做好執行的工作（當然，執行的時候，討論就不可或缺了）。

　　而良好的制度就可以訓練這種速度感與判斷力。舉個無印良品最近的例子，光是推動內部會議無紙化，就能大幅減少開會前的準備作業。

　　雖然無紙化只是一個小動作，但省下來的時間可以用來把其他工作做好，組織的行動力也將逐步提升。

　　而且，這樣的做法未必非得在公司全面實施不可，以部門為單位也同樣可行。要想讓團隊充滿執行力，就必須建立起一套制度，徹底去除無謂的作業，讓第一線員工的行動力大增。

光靠經驗主義將使公司滅亡

在我就任為無印良品事業部部長時，曾發生一個情況，使我決心為公司打造良好制度。

那時，我們決定在千葉縣的柏高島屋車站賣場開設新分店，因此，我在開幕前一天就抵達現場。只要是開幕前一天，無印良品的店長與店員必定都是忙進忙出，散發出捨我其誰的抖擻精神。

記得那天，傍晚六點左右，結束上架工作後，幾位員工閒聊說著：「希望會有很多客人來」、「這件商品我自己也想要哩」之後，就略事休息。

就在那時，其他分店的店長也跑來支援。當時那位店長看了一眼賣場後，隨即說道：「這樣陳列是不行的，沒有傳達出無印良品的風格」，接著就動手重新排列商品。

新分店的店長固然有些不知所措，但因為是比自己資深的前輩店長，也不能說什麼，而且最後全體員工甚至一起幫忙重排。等到總算重新排完後，卻又有另一家店的店長來了，他也表示：「這裡應該這樣排比較好」，接著又著手重排。

在這樣的狀況下，前來支援的店長們一個個都按照自己的想法改變了賣場的陳列方式，以致於大家忙到午夜十二點，都還沒完成商品擺放的作業。

那時，我就發現，有多少個店長，就會有多少種陳列商品的風格。看到這樣的景象，我心想：「真糟糕，這樣下去無印良品不就沒有未來了嗎？」

最後還真的被我的負面預感猜中了。當時無印良品的母公司西友集團業績下滑，對內徵求優退人員，結果優秀的員工果然率先離開，其中也包括多名店長。

店長的離開使他們在原本分店累積的知識與經驗，也都全數化為烏有。那時，布置賣場的知識全都存在店長的腦子裡，根本沒留下任何隻字片語給店員，賣場要如何布置，全都仰賴個人的品味或感覺。雖然，確實也有一些很有品味的店長，把賣場的商品陳列得很出色。

然而，在一百家分店裡，這種「完美店長」也只有兩、三人而已，有一半以上店面的賣場陳列都屬於「六十分以下」的不及格水準。

在這種狀況下，根本無法打造出能夠滿足顧客的購物環

無印良品就是這樣∨字型復甦的

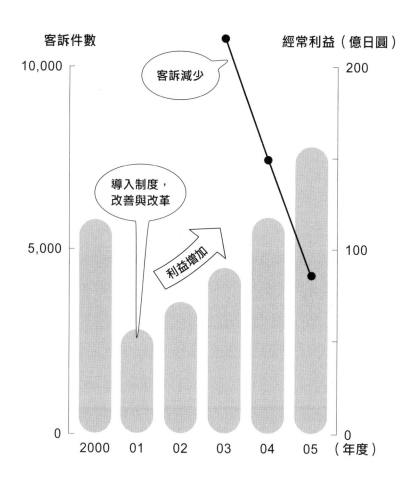

自2001年起導入制度、推動改革後,除利益增加外,客訴件數也減少了

境，提供他們滿意的商品。因此，我認為與其有一百分的分店，還不如讓所有分店都成為「八十至九十分」的及格分店，這樣反而能組成更有戰力的團隊。

為此，最有效的方式應該是建立一套合理的制度，把一直以來仰賴個人品味或經驗的工作事項，都變成企業的財產。也是在那一刻，我決定要編製一本MUJIGRAM。

事實上，成為社長後不久，我也實施過一些激烈的措施，希望能幫因為虧損而陷於垂死邊緣的公司止血，不過，等到業績開始有起色後，我就開始全心著手建立制度的工作，而MUJIGRAM的編製就是其中的一環。

我擔任社長期間仍未能完全把制度建立起來，即便當上會長，也仍持續推動。畢竟組織的改革，並非一朝一夕能夠完成。

當然，當上社長時，我也已經做好心理準備：身為領導者，做事必須要徹底，要為組織設想應該發展的方向，而且要一直堅持到實現為止。

用新制度解決難題

　　我想無印良品碰到的問題很多地方都和各位公司雷同。這也是為什麼我要藉由無印良品的改革，向各位說明制度的重要，分享企業該如何才能實現V字型的業績復甦。

　　無印良品在面對「危機狀況」時，第一件事就是從各種不同的角度分析公司的業績到底為何惡化，當時，我們分析出了以下六項「內部因素」：

1. 公司內充斥著高傲自大的心態
2. 隨著公司規模擴大，高層與基層日益欠缺溝通，經營效率變差
3. 出於焦急心態，提出的都是只看短期的對策
4. 品牌力量減弱
5. 策略錯誤
6. 社長沒有為公司建立制度、打造企業文化就交棒

　　除此之外，我們也面臨一些「外部因素」的衝擊，像是

優衣庫（UNIQLO）、大創等競爭者相繼興起。但不管狀況如何，如果在此時停止思考，將無法看透問題的本質，也只有先搞懂潛藏於「內部問題」背後的本質，才能採取適切的因應措施。

為此，我多次前往分店視察，也聆聽了公司內部的意見。我一直認為用自己的眼睛去看、自己的耳朵去聽，自己找出問題，才是解決問題的第一步。

不過，這些事我想任何企業應該都做得到。所以，重點在於，是不是具備解決問題的執行力。

鎖定問題點後，就要探究問題背後的結構。因為，公司內部一定存在著造成該問題的結構。問題不會只因為「景氣不好」、「員工幹勁不足」這類因素就發生。假如推給這些因素，不去探究問題，就是停止思考。而找出問題背後的結構後，就要用新制度予以替換，這樣才能改變組織的體質，培養出組織的執行力。

例如，泡沫經濟破滅後，日本許多企業紛紛把終身雇用制及依年資給薪的制度視為惡習，著手檢討人事制度。雖然有不少企業導入了歐美那種依成果獎懲、論薪的制度，但是，大家

都知道，最早採用這套做法的富士通，實施得並不順利。有些員工變成只執著於自己的目標而輕忽團隊成果；有些團隊則因為有人未能得到適切的評價，發生內部磨擦，導致業績惡化。

這正是未能針對問題的本質改革而造成的結果。因為換掉團隊領導者或裁員這種因應方式是不足以改變組織體質，等到景氣變差，企業又會陷入同樣的危機中。唯有找出問題的根本原因，改採新制度，才有可能調整組織的體質。

靠制度讓部屬的想法自動轉換

無印良品原本理當持續成長下去，但獲利卻意外出現下滑，我認為主因在於，接連開設大型分店，而投資成本又比想像中來得高；此外，店面規模變大，也導致了商品數過度增加。

由於開發速度快到每隔一季商品數就會成長為兩倍，平均起來，每件商品的商品力也跟著下滑，變成難以出現暢銷商品。

而這個擴張的背後有個背景，那就是經營團隊與員工太過相信「無印神話」了。在業績持續成長的時期，無印良品其實已經從內部開始漸漸腐化了。

　　因為那時只要一開店就能賣，只要一推商品就暢銷，使得大家對無印良品的品牌力深信不疑。

　　就在無印良品的業績長紅時，家具、家飾業者宜得利以及百圓商店大創，都把無印良品的商品買回去多方研究，傾力推出品質相同、但成本只有七成的商品。

　　反觀無印良品，卻完全沒有危機意識，也不打算調整既有的做法。那時，據說往來廠商都已察覺出危機，還曾經到無印良品來建議，表示：「宜得利他們推出了這樣的商品，你們公司要不要也推推看？」但相關人員聽了之後，非但未表謝意，還告知對方：「無印良品只要照目前的方式就能暢銷，沒有調整的必要」，拒絕了提議。公司內可以說充斥著自大高傲的心態。

　　這樣的景象，在一些大公司、老字號企業或是業績長紅的公司，都經常看得到。許多員工都沉浸在「我們公司沒問題」的良好感覺中，缺乏危機感，完全不把危機當危機。

這就好像現在外界都認為日本的家電製造商正處於危急狀況中，但這些企業的員工到現在都還覺得「公司應該不致於到破產的地步吧」！

無印良品也一樣，都已經由盈轉虧了，大家還是無法拋開昔日的驕氣。就算找出了問題點，尋求了解決方案，但大家提出來的想法，依然都只是沿續過去的成功經驗而已。

員工或是部屬的意識，該如何改變呢？這應該是多數領導者都會碰到的問題吧。

多數企業領導者多半都會想要透過教育的方式，聘請外面的顧問實施教育訓練，希望藉此改革員工的意識。

但我一直認為這麼做不會有什麼成效。舉個我仍在西友集團負責人事工作時的例子。

那時，隨著業績惡化，公司內部漸漸產生了危機感，覺得應該先從改革幹部的意識做起，於是我們就辦了一場為期三天兩夜的教育訓練活動，從董事到部長，共有三百名左右的幹部參加。

活動內容是先把參加者分組，讓同一組的人逐一講出別人的優缺點，也就是大家熟知的「三百六十度評估」。

每個主管都有自己的自尊，在工作上也都受到一定的肯定，一旦被別人點出自己想都沒想到的缺點，難免會感到不開心。當天晚上教育訓練的同樂會上，甚至有幹部把我叫過去罵了一頓，說：「你怎麼會想到要辦這什麼教育訓練！」

　　大家覺得這次掏心掏肺、想徹底翻轉內部心態的改革成效如何？

　　答案是沒有任何成效。

　　到頭來，這種震撼療法並沒有任何成效，不僅無法改革員工意識，西友也沒能振作起來。後來，威名百貨甚至收購了西友。從這個例子就可以知道，意識改革並非一蹴可幾。

　　說起來，業績會惡化，是因為公司的經營模式跟不上社會的需求使然，光是改變員工的意識，根本無法徹底解決問題。我認為應該要重新審視經營模式，再逐步建立起制度。

　　等到員工們認同這樣的制度，照著去做之後，他們的意識就會在過程中自然而然慢慢轉變。

　　假如搞錯順序，原本想要改革的美意，也將流於白費。絕對必須從問題的本質著手，才可能徹底落實改革。

「暢銷品搜尋」、「一品入魂」的巨大效應

一旦出現大企業常有的通病，第一線員工與領導者的想法，就會漸漸產生落差。

唯有領導者前往第一線傾聽員工的心聲，才可能填補彼此之間的鴻溝。

我當上社長時，第一件事就是到全國各分店視察。那時，我帶著時任常務一職的金井政明（編注：金井政明自二〇〇八年升任為社長）逐一造訪無印良品107家直營門市。

假如只是單純的巡迴視察，就只能得知表面的事情而已。所以，每晚我都會邀請店長和重要員工一起喝一杯，製造推心置腹交談的機會。

一開始他們都有所提防，只講一些無關痛癢的話，但等到我表達出傾聽的誠意後，他們就慢慢講出真心話了。

就這樣，我慢慢看到第一線、一些光是待在總公司絕對看不到的問題點，庫存過多的問題也是我到分店視察後發現的。

還好，那時雖然總公司的員工意志消沉，分店的員工倒是很有拚勁。由於店長與員工很多人原本就很喜歡無印良品的產

品，因此愛店的心都很強烈。這或許是公司成立時「對於消費社會中缺乏變化與進步的商業習慣提出了相反意見」，吸引了大家吧。員工們都精神十足地出聲接待顧客，每家分店也都各有自己推銷商品的巧思。

由於第一線員工都覺得「自己非得好好幹不可」，也因而誕生了各式各樣的智慧。

後面我會再詳談，無印良品建有一套能根據前一年的資料，讓賣場的庫存管理與自動下單系統相互連動的制度。不過，假如一切都仰賴電腦，一旦舉辦活動、特賣會，或是氣溫劇烈變化時，將無法完全因應，致使賣場陳列出現漏洞。

對此，賣場的員工提出建議，認為「暢銷商品應該多進一點比較好」。我一直認為公司要多傾聽這類意見，把好的想法制度化，和第一線成員頻繁溝通。

那時，在仔細研究過這項意見後，我們建立了一個制度：「店面要經常掌握最暢銷的十種商品，陳列於顯眼處」。我們將這樣的制度稱之為「暢銷品搜尋」，也因為這個制度，庫存管理變得更為順暢。

此外，「一品入魂」的制度，也是從第一線誕生的點子。

這是「分店的每位員工可以各自決定一種自己想賣的商品,並以便宜兩成的試賣價格銷售」。但員工必須自己寫評語,說明為何要推薦這件商品,因為是自己喜歡的東西,自然就會投入心力推銷。

由於存在著這樣的自發性,就算處於業績不理想的時期,第一線員工還是會非常積極。我認為就是因為這樣,無印良品才能那麼快重新站起來。

在業績低迷的工作現場,領導者如果只是一再要大家「衝業績」,員工還是不會動起來的。我認為首要之務是填補高層與第一線之間的鴻溝,傾聽不滿的聲音,再一起構思解決之道。

現代的領導者需要的不是過人的魅力,而是要建立第一線員工能夠暢所欲言的企業文化,並把員工的意見化做制度。一旦培養出第一線員工的自發性,組織自然而然就會慢慢展現出執行力。

根據顧客意見打造暢銷商品

大家常說：「客訴是寶」，但真正擁有一套制度，可以活用顧客意見的公司，卻是少之又少。

「搜集顧客意見」的制度很重要，無印良品每天都會透過電話或電子郵件等管道，接收顧客的意見。有些是在告訴我們「商品擺得太散亂」、「橡皮比之前買的商品鬆」之類的意見；有些則是提出「腳輪的部分能否更換」這類問題。

我們會把這樣的意見輸入一個名為「語音導覽」的軟體中，每星期由負責的人員察看一次，再決定是否要反映在商品上。同時，我們也成立了名為「生活良品研究所」的網站，建立一個既可和顧客溝通，又能兼顧商品開發的制度。

例如，生活良品研究所就收到了各式各樣的商品需求，像是「能否開發戴起來不悶熱的帽子」、「能否生產這種尺寸的桌子」等等。同樣的，我們每星期會交由專人審視一次，考量是否要商品化。

「懶骨頭沙發」就是誕生自顧客意見的暢銷商品。

這種四角立方體狀的沙發，內部以微粒泡棉填充，外面再

套上伸縮性與眾不同的椅套，無論是靠著它，還是坐臥在上面，都能貼合使用者的身體。

這樣的商品其實是源自於顧客的要求，有位顧客曾來信表示：「我的房間很小，沒辦法擺沙發，能不能把沙發功能加到大坐墊上？」到現在懶骨頭沙發都還是每年賣出十萬個的超級暢銷商品。

由於可以在生活良品研究所得知自己的意見如何反映到商品上，不少顧客都很積極參與其中。這樣的制度，也有助於提升無印良品的商品力。無論客訴，還是商品需求，都得要實際派上用場，才算是真正的寶。由此觀之，任何一家企業，其實都擁有一座可以挖掘出好點子的大寶山。

小心虛有其表的突破點

每一家企業，每一個團隊，一旦遭逢業績低迷，就會重新檢視商品與服務。多數公司會盡可能嘗試各種想到的點子，可能是開發一些前所未見的商品，希望促成態勢扭轉，或是試著

加入一些流行元素。

假如因而開發出暢銷商品固然不錯，但多數時候，都未能創造出成果。這是「人窮志短」的典型，人在不如意時，目光很容易就投向眼前的利益。

無印良品也不例外，先前業績惡化時，內部的狀況非常混亂。例如，有一段時期，無印良品曾經推出過以紅色、橘色等鮮豔顏色配色的服飾。

一直以來，無印良品在開發商品時，秉持的理念都是要使用自然界中存在的顏色以及天然材質，因此，所開發出的服飾也都自然會以白色、米色、灰色等基本色為主。

有時，會有一些顧客提出要求，表示：「單色調很膩，推出色彩更繽紛的服飾不是比較好嗎？」這時，商品開發人員彷彿發現了一線曙光，認為「這是業績回升的一大機會」。

員工拚命開發出新款服飾後，緊接著是努力促銷它。或許是因為新商品有一種不同於無印良品既有商品的新鮮感，開始時也真的滿暢銷的。但這樣的做法卻難以長久，因為多數顧客到無印良品來，都是為了找尋其他業者沒有的商品，假如無印良品失去了「其他業者沒有的無印良品風格」，顧客到無印良

品來消費就失去意義了。

　　品牌的核心精神是絕對不能改變的，也就是無印良品必須使用存在於自然界的色彩以及天然材質。

　　業績變差時，固然必須重新檢視策略與戰術，但假如在過程中偏離了不容偏離的核心思想，顧客就會棄你而去。日本許多製造業者之所以業績低迷，我認為就是出於這樣的原因。

　　打個比方，某家居酒屋假如因為壽司不暢銷，就聽從顧客的要求增加下酒菜的種類，這樣很可能會失去與其他居酒屋的差異性，到頭來形同是輸給了其他居酒屋。

　　跟著流行走或許很輕鬆，但流行多半都只是暫時性的東西，往往熱潮一過就失色了。以顧客至上的態度聽取他們的要求固然重要，但如果一味照單全收，品牌精神恐將因而動搖。

　　為站穩腳步，企業應該先再次確認自己一直以來追隨的理念，再訂定能夠讓理念更為進化的經營策略。

找不到優秀人才，
就自己打造培育將才制度

只要部門裡有個特別優秀的明星員工，就算目前業績低迷，也會給人一種很容易就能重新站起來的感覺。我相信無論任何企業，都極其希望擁有這樣的傑出員工。

在外資企業，常可聽到一些獵人頭業者喜歡挖角優秀員工，這些人也會因為有更好的待遇而離開。

這種員工對組織來說，或許真是一劑強心針，但一旦他離開後，公司會變得如何呢？員工如果沒有把他的知識留在組織就離開，公司的業績就有可能突然下滑。因此，我認為領導者不該想著要從哪裡把優秀人才挖過來，而應該在組織內部踏實而穩固地逐步培養人才。

無印良品的服飾與雜貨商品業績不佳時，曾有幾名員工被迫「負起責任」離職。為補人才不足，公司曾經在報上刊登徵人廣告，徵求有經驗的服飾從業人員。後來，一些曾在知名品牌負責開發商品、擁有令人稱羨頭銜的人就進了無印良品。原本以為問題將可迎刃而解，沒想到沒多久這些人反而造成公司

內部的混亂。

如前面提到的，一旦無印良品推出的商品偏離了自己原本的理念，或是模仿其他業者的商品，就可能損害到無印良品一直以來的企業文化。而這些人之中，甚至有人向往來廠商索取回扣。

從這樣的經驗中，我們學到一個寶貴事實：優秀人才不會隨隨便便自動聚集過來。假如真的是優秀人才，他們原本服務的公司，又怎麼可能輕易放他們走？所以，我一直認為與其耗費成本挖角優秀人才進公司，還不如在公司內部建立培育人才的制度。就算需要一些時間，卻能讓組織的骨架更健全。

無印良品內部就設有「人才委員會」、「人才培育委員會」兩個單位。細節我就不講了，基本上人才委員會負責人事異動與配置，人才培育委員會則負責規劃教育訓練等計畫。

之所以要打造這樣的制度，是因為人才的培育必須考量到實際環境與當事人的資質。讓不適於業務工作的員工累積好幾年的業務經驗，等於是在不斷消磨他的心力。人都有擅長與不擅長的事，把人才安排到讓他能夠完全發揮出能耐的單位，也是領導者該扮演的角色。

在辨別一個人適於從事的職務時，基本上不能摻雜個人情感。無印良品會使用一種名為「Caliper」的工具，判斷每位員工的資質。

或許你會覺得意外，沒想到無印良品會採用這麼系統化的手法，但如果只交由直屬主管研判，很容易會摻雜個人好惡等情感因素，導致無法做出冷靜的判斷。

另外，我們也為工讀生設有升任正式員工的制度。曾有同仁十八歲就到無印良品打工，二十二歲升為正式員工，二十三歲當上店長，二十五歲成為採購專員（採購負責人員，簡稱MD）。所以，在無印良品只要你有實力，就有機會，無印良品已發展出這樣的制度。

當然，我認為每個組織都有適於它的人才培育法。無論為何，最重要的是培育出「能將組織理念與制度謹記在心」的人才。就算培育出社會認為的「精英員工」，也未必就能為公司帶來貢獻，大家一定要先有這樣的認知。

人要失敗兩次才會學到教訓

————

　　二○○一年三月，我來到新潟縣小千谷市的焚化處理場。眼前看到的是堆積如山的紙箱，紙箱裡裝著無印良品的服飾庫存，它們原本存放在長岡的物流中心，對無印良品的員工而言，它們就像自己的孩子一樣。大型起重機把紙箱一把吊起，逐一丟入火焰中。看著商品在烈火中燃燒，員工們的眼睛都濕了，當然並不是因為被煙燻痛的緣故。

　　我看著煙囪裡往上飄出的煙，告訴自己：「這就是無印良品目前所處的狀況」，這麼做，應該就能把膿全都擠乾淨了。

　　就任為社長後沒多久，我就大刀闊斧做了這件事。

　　造訪全國的分店時，我察覺到店面不夠整潔。我並非指「員工沒有打掃乾淨」，而是店裡除了陳列當年春季的商品外，也擺放了前年與大前年的春季和冬季出清商品，以及眾多宣傳出清海報。

　　我可以理解員工希望把舊貨賣光，以免浪費的心情，但應該很少顧客會想買這些賣剩的商品吧！無印良品的服飾雖然設計簡約、有型，但每年顧客喜歡的商品類型，還是會有差別。

那時，滯銷商品在帳面上一共38億日圓，但以售價計算卻高達一百億日圓。一般人或許希望能夠降價求現，但我卻當著商品開發人員的面，把這些無益的庫存全都燒光。

一方面當時沒有那麼多時間慢慢消化庫存，一方面我也以為，這種震撼療法可以徹底解決「庫存過剩」的問題。然而，半年後，公司又累積了一堆庫存。

從這次的經驗中，我終於知道，人如果只失敗一次，是不會學到教訓，一定要失敗兩次才能學到教訓。

第一次失敗未能改善狀況，多半是覺得改善不了，而直接放棄。但如果再失敗一次，或許反而可以真正體認到問題的嚴重性，展現出追根究柢的決心。那麼，無印良品庫存過剩的原因到底何在？

第一個原因是「怕缺貨」。

在過去不斷成長的時代，必須先生產一百五十件商品，才能順利賣出一百件而不致缺貨。但到了二○○一年，既有店面的服飾與雜貨，已經變成只有前一年的75％，也就是生產一百五十件商品，會有一半賣剩。

第二個原因則是，為了創造出「銷售一百件」的業績，必

須多生產一點，否則就可能因為出清等因素，變成無法創造那麼多業績。

各位或許會覺得，只要告訴MD（採購專員）不要進那麼多貨就行了，但講歸講，人對於自己並不認同的事，很難照著去做。

此外，還有另一個問題。調查之下，我發現，MD會使用「自己製作的表單」管理商品的銷售資訊。這種東西固然是個人直覺或經驗累積出來的智慧，但卻會變成MD個人的資訊，主管將無法發揮監督的功能，這個部分也有可視化的必要。

於是，那時我趕緊要求總公司開出管理銷售資訊的基本表單格式，要求所有MD照著用。想當然耳，MD對此都很抗拒。他們覺得，要改變自己一直以來逐步累積的做法，等於是多年的辛勞全都遭到否定一樣。

所以，我成立了一個直接向社長負責的團隊，把MD的既有表單全都沒收，強制他們採用總公司的做法。

另外，在商品開發方面，我也建立了制度。在新商品推出三星期後必須即時確認銷售狀況，假如賣超過預計值的三成，就增產，否則就變更設計，把剩餘材料用掉。目前我們已交由

電腦控管狀況，過去大家全憑直覺在做的商品開發與採購作業，現在都有一套制度即時管理。

就這樣，我們慢慢地把二〇〇〇年度結束時總計達55億日圓的服飾與雜貨庫存，在二〇〇三年刪減至17億日圓。這個經驗告訴我，一旦制度順利發揮它的功能，第一線的員工就不會再抗拒了。

仔細向員工溝通、說明，取得他們的理解固然重要，但如果他們遲遲無法理解，就非得斷然採取行動不可。如果遇到阻礙時，只看員工或店員的臉色做事，就會變成只是表面上的改革，領導者應該要具備斷然執行的勇氣。

邊跑邊思考

————

二〇〇一年，無印良品順利止血，開始改造公司結構。二〇〇二年，我們調整了企業文化，為下一階段的成長做準備。就這樣我們每年鎖定不同主題，從各種不同角度推動無印良品的改革。

改革的速度感很重要，就算策略有誤，只要有執行力，還是能夠修正軌跡。

在打造公司內部的資訊系統時，我們決定「先做到七成就好」，剩下的部分就一邊使用，一邊調整與追加功能。而且，資訊科技領域的東西變化很快，假如花好幾個月開發，很可能需要的功能中途就已經改變了。假如不邊跑邊思考，計畫就會趕不上變化。

此外，我們也實施了一些大刀闊斧的改革，像是整頓業績虧損的店面，以及減少過剩的庫存等等。在這些改革逐漸發揮成效後，我們的業績在虧損兩年後又開始成長了。不過，如果在這時放慢改革旳腳步，一切成果將成為泡影。

我們一步一腳印地建立起能夠讓負責員工離職後也能留下智慧的制度，像是開始編製MUJIGRAM、推動業績的標準化，以及讓員工把原本自行管理的文件分享出來等等。

即便如此，公司的經營還是出現了起伏。

二〇〇八年，營收成長，但利潤減少，而且還一路減少到二〇一〇年。這有一部分是外部因素的影響，也就是二〇〇八年發生的雷曼兄弟風暴所導致的全球金融危機。但同時也有

內部因素的影響，因為當時我們過度追求市面上流行的貼身設計，結果變成和優衣庫等競爭者在同一個領域中對打。

那時，我認為應該強化公司的商品力，因此，重新審視了商品素材。我們從印度和埃及買進有機栽培棉，開發出符合追求安全材質的顧客需求，業績也因而再次成長。

無印良品的員工由於已經體會過V字型谷底的感受，就算業績變差，也不悲觀，而會馬上構思解決之道，這樣的企業文化總算透過制度的建立，漸漸在無印良品內部成形。一旦養成這樣的企業文化，未來無論遭逢何種危機，我想應該都能克服，也唯有如此，才是一個有執行力的組織。

企業的經營不能靠運氣。成為企業經營者後，我深有此感。

業績之所以好，背後一定有某種原因，絕對不會因為景氣好，或是出現風潮這樣的「碰巧」因素。而業績之所以變差，也不能只當成是大環境的因素使然，基本上也和企業或部門內部潛藏的問題有關。只要能找出問題、適切因應，理論上就能改善業績，否則可能就是搞錯了因應之道。

先試著執行看看，假如沒有成果，再繼續改善。只要能反

覆這麼做，相信組織就能慢慢建立起牢靠的骨架。這個世界不
存在什麼輕鬆就能成功的法則，任何改革也必定伴隨著痛苦。
我深信，只要領導者有所覺悟，必定能夠帶領企業實現Ｖ字型
復甦。

第 3 章

排除經驗與直覺，精準執行

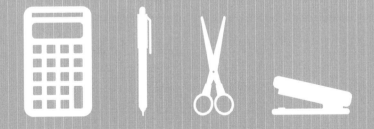

手冊編製完成只是工作的起點

一聽到「無印良品編有工作指導手冊」時，相信很多人應該都很驚訝吧？

去過無印良品店面的朋友應該都知道，店員不會積極向顧客推銷商品，也不會從頭到尾一直猛喊「歡迎光臨」。

店內的氛圍讓顧客可以照自己的步調瀏覽商品，這樣的氣氛可說是讓無印良品成為獨特品牌的因素之一。不過，要創造出這種氛圍並不是靠每位員工的個性，而是因為我們照著MUJIGRAM這本指導手冊布置店面、教導員工，才得以實現。

在日本，大家對於「指導手冊」一直存有一種負面印象，常會覺得，一旦使用指導手冊，員工會變成只做上面規定的工作，而這會讓員工變得被動、不懂應變。

大家很容易會覺得按照指導手冊做事，就像是在操縱一台不帶任何情感的機器人做事。但無印良品編製指導手冊的目的，並非為了讓員工照章行事，而是為了讓員工成為有能力編製指導手冊的人。

如同前面提到的，在無印良品店面使用的指導手冊，稱之

為「MUJIGRAM」;在總部使用的指導手冊,則稱之為「業務標準書」。因為如果直接使用「指導手冊」稱呼,就會讓人覺得,它是一本用來嚴格控管工作狀況的工具,所以才會另取名字稱呼。

無論MUJIGRAM或業務標準書,目的都在於「將工作內容標準化」。

過去無印良品一直都是由店長照自己的意思設計店面、指導店員,也因而每家分店的風格會有很大的不同。然而,這會使得顧客無法去到哪家分店,都能買到相同商品、接受相同的服務。假如要讓無印良品不管進駐哪個區域,都能讓當地顧客感受到「無印風格」,就非得先將店面的設計以及接待顧客的服務事項統一。

現在,如果有員工沒有讀熟MUJIGRAM,碰到事情就找總公司求救,我們都會要求他們自己先到MUJIGRAM找答案。

或許有人會覺得,如此重視指導手冊,會不會讓員工或店員太過依賴它?事實上,我們的指導手冊本來就不是為了限制員工或店員的行為才編製的。我們看重的是編製的過程,希望

藉由這本手冊讓全體員工、全體店員都能展現出一種發掘問題、逐步改善工作的態度。

假如員工做事都只照指導手冊，問題應該出在指導手冊的編製方式或使用方法。編製指導手冊本身沒有錯，錯的是編製的方法。

我會在本章後半介紹無印良品內部如何編製以及活用指導手冊，希望提供給各位參考。在決定編制手冊後，我就決定要由全體員工一起參與編製工作，一起找出最完美的工作方式。為此，我們就必須定期改善它、更新它。

大家很容易會覺得，指導手冊編製完成後，事情就結束了，其實不然。手冊編製完成只是工作的起點，而指導手冊只是工作過程中的管理工具。

制度一旦建立，就會有執行力

———

過去在無印良品，就算總公司擬定了由各分店共同執行的銷售計畫，往往都得等上好一段時間後，才會在各分店實際實

行。反觀伊藤洋貨堂，他們之所以歷久不衰，就在於有很強的執行力，往往只要總部一發出通知，隔天早上，所有的店面賣場就都完成準備了。至於季節集團，可能得花上一星期到十天左右。

那時，我心想再這麼下去，無印良品將跟不上變化快速的時代，我們必須以更科學的手法經營無印良品，才能成為一家有執行力的企業，於是就有了MUJIGRAM的誕生。把工作標準化，可以讓第一線員工變得更有機動。身為社長的我，必須先為大家打好適於公司每個成員採取行動的基礎，公司才可能繼續發展下去。

還有一個需要MUJIGRAM的原因是，我希望訂出最低限度的標準，好讓顧客無論前往哪一家無印良品消費，都能在同樣的服務下買到同樣的商品。所以，在為公司建立制度或編製指導手冊時，像我們這樣把「目的」講得清清楚楚，是非常重要的關鍵。

每一家企業、每一個部門，想要藉由指導手冊解決的問題，都各不相同。有的是希望員工能展現同樣的工作能力；有的是希望刪減成本；有的是希望縮短作業時間。假如不事先決

定好，編製出來的指導手冊，可能到了第一線就無法使用。因此，以下我要先介紹編製指導手冊的五種可能效益，給各位參考。

我們在編製MUJIGRAM、實際使用過後，發現指導手冊帶來了以下幾種超乎預期的效益（目的）：

① 有助於共享經驗與知識

MUJIGRAM不是只由總公司自行編製，也會汲取第一線（店面）工作人員所分享的經驗與知識，將其納入手冊之中。這可以讓全體員工共享出色的知識和經驗，把個人寶貴的經驗累積在組織裡。

② 有了標準才知道該如何改善

編製手冊是為了讓工作標準化。

工作標準化後，就可以讓任何人執行同樣的業務都能勝任。唯有先建立規範，再逐步予以改善，組織才能持續進化下

去。假如沒訂標準就想改善，只會迷失方向而已。就像凡事都得先學會基本功才能應用一樣，創意與巧思假如欠缺秩序，也無助於組織的發展。

工作也一樣，必須先訂出標準，再讓員工在這樣的基礎上，自行思考要如何把工作做好。

③ 拋棄過去只能等主管指導的企業文化

據我所知，每家企業的主管都會有自己的一套做事技巧，而且只傳授給直屬部屬。過去的主管或許有充裕旳時間好好指導部屬，但是在變化快速的現在，主管並不容易有那樣的時間。如果改採「指導手冊」這種具體可見的指導方式，拋棄過去只能等主管指導的企業文化，必定能夠更有效率地強化員工能力。

④ 讓團隊成員的行事方向能夠一致

帶領團隊面對挑戰時，確認各項業務的「目的」也很重

要。明確記載於指導手冊後，大家不僅不會擅自照著自己的判斷行事，處理工作也不會有模稜兩可的情形。

更進一步來說，指導手冊也等於是一種不斷把組織理念傳達給員工的工具。公司若能持續把理念傳達給他們，就能讓團隊成員齊心協力，朝同一方向邁進。

⑤ 得以重新檢視工作的本質

在編製指導手冊時，勢必得要重新審視平常不假思索的一些工作。

例如，有些人會因為工作時間不夠用而每天加班，但時間真的不夠用嗎？會不會是因為有許多自以為必須處理的工作，其實根本沒必要處理？我們在重新檢視工作內容的過程中，就會慢慢開始思考一些與工作本質有關的問題，像是「我應該如何工作比較好？」、「我工作是為了什麼？」等等。

指導手冊是用於徹底改變組織體質的必要工具。由於編製時必須重新思考每一項作業的意義，也因而是深入發掘工作方法及態度的大好機會。

建立制度的好處

1 累積知識和經驗
（→大大提升工作成效）

2 不斷改善組織進步
（→打下公司好體質）

建立制度的
工作手冊

3 提升員工訓練的效能
（→強化員工動機）

4 建立共識和相同願景
（→為消費者提供更好的服務）

5 重新思考工作本質
（→更正面看待工作）

能應用在任何產業、任何員工的管理方法

不放過每年440種的第一線智慧

——

　　許多企業的員工指導手冊，都是由公司高層編製，也就是將由上而下決定好的事情，交給第一線的人去執行。

　　無印良品早期也一樣，指導手冊都是在總公司的主導下編製的。雖然各分店會經常參考指導手冊，但所有店面的業務工作，並沒有因手冊的出現而完全統一。

　　這是因為手冊是「不了解第一線工作的人」所編製的。然而，唯有第一線的人，才知道第一線的問題何在。

　　例如，「某些地方特別容易積灰塵」或是「櫥櫃的邊角突出，妨礙到作業」這類小問題，都不是總公司的人久久查訪一次就能察覺到的。在編製指導手冊時，重要的反而是設計一個由下而上、汲取知識的制度。

　　我一直認為指導手冊應該由使用它的人來編製。

　　此外，不要只交由特定單位編製，一定要讓所有單位都參與。講得再嚴格一點，應該要設計成能夠讓所有員工都參與編製的互動流程。

　　無印良品在編製MUJIGRAM時，是以「顧客角度」以及

「改善提案」做為兩大主軸。所謂顧客角度指的是來自顧客的要求或建議。所以，我們設計了一個名為「顧客意見表單」的軟體，由門市員工根據顧客在賣場提供的意見，以及顧客的基本資料，把認為必要的事項輸入進去。

此外，也另外設一個欄位，讓員工填寫其他察覺到的事項及希望，這張表單就成為無印良品改善提案的重要依據。把賣場發生的問題、困擾之處報告出來固然重要，但更重要的是，由員工主動提出改善方案，才能培養他們主動解決問題的積極態度。

例如，無印良品有些員工利用表單報告時，還會附上照片，提出自己的點子，向公司建議「這個部分改成這樣如何」，而這正是來自於第一線的寶貴智慧。

這類來自第一線的意見，通常會先由區經理過濾，檢查是否有重複的項目，再上呈給總公司。

總公司也設有專責單位，負責審視各門市的建議，由他們判斷這些想法是要直接納入、考慮納入，還是不納入指導手冊。經採用的提案就會加入MUJIGRAM裡，並將意見回饋給總部的各部門及各分店，讓這些單位更新MUJIGRAM。

總公司不直接與分店討論，而先經由區經理，是為了讓全公司都能了解問題所在。

如果只由總公司自行編製指導手冊，只會編出第一線派不上用場的手冊；如果只由第一線人員編製，又可能編出不符成本效益的手冊。所以，唯有總公司人員、第一線員工，以及處於中間立場的區經理全都參與，才能逐步編出在雙方之間取得平衡的最佳指導手冊。

例如，某一年，無印良品第一線員工共提出2萬件左右的建議，其中有443件獲得採用，納為MUJIGRAM的標準工作中。

接著，我們會在各分店推動改善方案，逐漸淬鍊為標準工作守則。要做到這個地步，才能算是發揮了指導手冊的功能。至於領導者的角色，在於檢視第一線提出來的意見，並予以匯整。

假如編製指導手冊只是為了讓員工聽從領導者的做法，在第一線實際操作時，一定會出現落差。指導手冊的編製不該是單行道，我一直認為改革成功與否的關鍵，在於能否開出一條雙向溝通的道路。

讓新進員工也能理解才是好手冊

什麼是「淺顯易懂，深入淺出」的文字？我認為就是「用新進員工看得懂的字眼，說明得既具體又精準」。

指導手冊的編製也是一樣。就連「inner」（內部的）、「POP」（Point of Purchase；指設置於「購買點」的海報）這類的簡單用語，MUJIGRAM也設有專頁解說。

或許你會覺得「這種程度的字眼，應該誰都懂吧」？但無印良品雇用了許多仍在就學的工讀生，就算是一般上班族常用的語彙，很多時候他們可能還是無法理解。而且，同樣一個字，在不同公司也可能有不同的意義。例如，window一般指窗戶，但是在無印良品，指的卻是「櫥窗展示」。

若能像這樣在指導手冊中明確記載公司內部經常使用的詞彙，溝通不良的情形就會減少。要想讓員工朝同一方向邁進，就不能輕忽這種小細節。

如果指導手冊中使用許多讓外部（其他公司或其他部門）人士難以看懂的專有名詞或隱諱符號，組織就容易成為一個封閉社群，這也是造成組織僵化的原因之一。不僅如此，手冊能

夠具體說明到什麼程度，也是「公司的血路能否打通」的最大關鍵。

例如，手冊裡如果寫「要恭敬地向顧客說明」，但問題是，大家對「恭敬」一詞的解讀各有不同，這樣寫就會出問題。

有的人可能會解讀為「用字遣詞要有水準」；有的人可能會判斷為「說明時要秉持親切的態度」。一旦每個員工的解讀或理解不同，就無法形成「標準」的工作方法。因此，手冊的內容一定要盡可能具體、精準。

又如果只寫著「商品要排列整齊」，在每個人對「整齊」認知不同的情況下，商品的排列方式就可能不同。為了讓大家有相同的認知，就必須先好好定義「何謂整齊」。例如，在MUJIGRAM裡對於「整齊」是這樣描述的：

「FACE UP（貼有標籤的那一面要朝著正面）、商品的方向（杯子把手方向要一致等等）、對齊的方式，以及間隔，都要相同」。

除了寫出這樣精準明確的定義之外，手冊上還會附上圖片說明這四點所代表的意義，讓無論是誰來讀，都能清楚了解「何謂整齊」。

若想讓人人都能理解，藉由正負兩面的例子說明，也是很好的方法。

MUJIGRAM 裡是以實際的照片，說明賣場的商品怎麼樣算是整齊，怎麼樣算是不整齊。一旦「好」與「不好」能夠一目瞭然看懂，員工在做判斷時就不會感到迷惘了，每個人也都能把相同的作業完成。

編製指導手冊的基本原則是，不能讓不同的人在閱讀後做出不同的判斷。要想在組織內建立起血路暢通的穩固制度，同一件事由一百個人來做，能否達到同樣的目的，是很重要的關鍵。

時時思考工作的「什麼、為何、何時、誰」

我們常可看到，有的人只因為作業很單純或工作很簡單，

就疏忽了背後「為何必須做這件事」的原因，草率了事或隨便做做。

例如，有些新進員工對於影印資料或泡茶等工作，都輕忽以對，但若能好好向他們說明，那件工作的意義以及在所有工作中占有何種位置，他們在處理時的想法，應該就會非常不同。

就算只是影印簡報資料的工作，在一無所知的情況下去做，和在理解企畫內容，或是會議的規模與重要性之後去做，心態就會變得不同。一旦當事人意識到，簡單的影印工作萬一出錯，很可能會造成幾萬日圓的損害，他們在準備資料時，或許就會更加小心翼翼。

若能意識到眼前的工作能夠促成某件事，當事人的眼界就會變得寬闊，進而培養出看待事情的新觀點。

再者，一開始先告知目的，也可以讓員工對於工作的整體樣貌有更全面的了解。MUJIGRAM在各類別指導內容的一開始，一定會先說明「為何需要這項作業」。

大家要了解，重要的不是採取何種行動，而是希望實現的成果。要設計出什麼樣的賣場？要提供什麼樣的服務？要開發

出什麼樣的商品？假如工作時沒有經常在腦中想著這些事，就會變成只做別人要你做的事。

要想讓員工開始思考「我想讓公司變成什麼樣子」、「我想讓團隊成為什麼組織」、「我想做什麼樣的工作」，唯有先讓員工腦中建立如上的認知才有可能。

有些企業會把公司的理念形諸文字，裱框掛在大門口，或是每天朝會時由全體員工一起大聲朗誦。這樣的做法確實很重要，每逢全體會議或集訓時，我也一定會向員工強調、提醒。

不過，理念或價值觀假如只是口頭講講，缺乏具體行動或落實步驟，就只是停留在文字而已。理念必須透過實踐，才能讓員工認同與吸收。

無印良品在陳列商品時，會用到柳製的籃子，但柳的刺有時候會造成商品損傷。第一線人員察覺到問題後，提出了「可以在籃子內側鋪上襯墊」的改善建議，MUJIGRAM就採用了，這也是具體實現「應該好好愛惜商品」這個價值觀的好例子。

一旦形成這樣的價值觀，就會懂得以不同眼光看待商品原本的陳列方式，進而逐一找出問題點。這樣下去，整個團隊就

能共享相同的理念。與其喊出「讓全體員工上下一心」的口號，還不如讓所有人都投入同樣的工作中，還更能讓他們自然齊一心志。

再舉個例子，MUJIGRAM有一節叫「賣場的基礎知識」，裡頭是這樣寫的：

何謂「賣場」

是什麼：銷售商品的場所

為什麼：為了提供顧客一個好逛、好買的場所

何時做：隨時

誰來做：全體店員

MUJIGRAM的基本格式就是像這樣，先在開頭處說明「是什麼」、「為什麼」、「何時」、「誰來做」四大目的，才開始說明具體知識。

或許你會覺得「這種層次的東西，不講大家也懂吧？」但正是因為這種單方面的擅自認定，才會使得企業形成動輒仰賴個人經驗或直覺的文化。大家很容易以為溝通就是「講出來、

傳達給對方」，但實際上，就算講了也未必能夠順利傳達給對方了解。

唯有先白紙黑字寫出來，讀的人才會產生那樣的意識。我一直認為必須反覆做這樣的動作，員工才能真正到達「心領神會」的地步。

找出難以發現的無謂作業，提高生產力

在編製指導手冊時，最基本的工作是要以部門或團隊為單位，徹底調查平常的業務項目。

然後逐一檢視每項業務，找出無謂的部分，而且要多人一起檢視，不要交由單一員工做這件事，這是採取由下而上編製指導手冊的好處之一。

如果不知道該從哪裡檢視起才好，這時，不妨先重新檢視自己平常的業務項目。

若為營業部員工，可以先試著把對外往來的業務工作細分化，例如，將工作分成「打電話約訪」、「談生意時談些什

麼」、「向客戶解說公司的商品與服務」、「和其他同業做比較」、「聆聽客戶要求」等等。

這些細項都要逐一明文化，讓所有營業部員工都能做到。但在條列工作細項時，不要只是單純寫出來就算了，應該要同時考量：

1. 這項業務是否真的有其必要？

2. 有沒有做得不夠的業務項目？

在這樣的意識下，重新檢視自己的工作，將可察覺到平常不假思索處理的業務項目中，潛藏多少無謂的工作。

例如，電子郵件原本可能一天要反覆收發好幾回，但如果預先決定好收電子郵件的次數，也決定好要花多少時間回信，就能縮短收發電子郵件的時間了。

而且，如果只是先讀信而不馬上回信，又會變成要做兩次讀信的動作。雖然只是很小的動作，但如果這樣無謂的動作累積下來，就很容易造成時間不夠用。

以前無印良品會頻繁地把暢銷商品補充到貨架上，後來我

們改成暢銷商品一次多擺幾件，賣得較差的商品一天只擺一次後，門市人員補貨的次數就減少了，現場員工不僅可以把時間拿來做其他的事，賣得較好的商品業績也變得更好，門市就可以更有效率地提升銷售額。

像這樣光是重新審視某一項作業，就能帶來提高生產力的效果。

你的工作方法已經是「最新版」了嗎？

———

工作是一種「生物」，它每天都在變化、進化。今天的工作方式，到了下個月未必依然是最好的做法，但很多人在決定好工作方法後，似乎都是就此滿足，短期間沒打算再重新檢討一次。

由於指導手冊的編製很花心力，正常來說，主事者都會產生「抗拒修改」的意識，就算有人指出問題所在，也很可能拖到幾年後才完成修改，這也是許多企業不再使用指導手冊的最大原因。因為花了一番心力才決定好的工作方法，沒過多久卻

不再適用於產業環境或工作第一線。

事實上，企業的員工指導手冊並無完成的一天，不管你再怎麼努力編製，在完成編製的那一刻，它的內容就已經開始過時了。因此，重要的更新必須隨時為之，並且至少每個月要重新檢視一次。

無印良品每個月會配合新商品進貨的兩次時機，由總公司指導商品如何在賣場展示。假如第一線員工照著做，卻在作業階段發現「這樣陳列會讓顧客很難拿取」這類問題，就會設想更方便顧客的陳列手法，提出各種改善方式。

這樣的意見傳到總公司後，就會直接納入MUJIGRAM之中，再交由所有店面共同實施。就這樣，第一線員工的點子成了實際的做法，也成了工作的標準之一。最重要的是，這麼做能夠即時改善問題。

假如每年才匯整一次意見，提出與討論改善之處，因應環境變化的速度就太慢了。一個有活力的企業，眼前看到什麼問題，就會當下因應。為了讓員工產生這樣的意識，指導手冊最好每個月更新一次。

無印良品設有專門負責編製指導手冊的部門，隨時可以因

應，但其他部門的主管一樣可以指定負責搜集意見的員工，即時因應。只要不斷重複這樣的動作，指導手冊就能汲取許多高效工作的好方法。

若想要讓每位員工經常重新檢視自己的工作方法，就有必要建立讓員工每個月重新審視自己的工作，徹底找出可以改善之處的制度。我認為指導手冊不是用來使用，而是用來編製的，一旦員工建立起這樣的意識，處理工作的態度，就會非常不同。

此外，經常改善指導手冊的內容，也有助於跟上社會變化的腳步。顧客的需求每年都有些許變化，我們常常可以看到許多店家還沉浸在細身服飾大受歡迎的良好感覺時，社會上關心的焦點，早已經變成隱藏體型的寬鬆服飾了。

要想在市場中維持贏家地位，不變的鐵則是，搶在市場變化半步之前提供商品與服務。衝得太快也不妥，遲於因應變化則更不利。

由於時機難以抓準，企業必須搜集顧客意見做為重要的資訊來源。若能因應顧客意見，持續修正指導手冊，將可形成一個與社會潮流同步脈動的企業文化。

指導手冊的更新，是讓工作制度經常維持在「最新版」不可或缺的一環。

談生意的經驗要分享給全部門

——

看到這裡，可能還是有人會覺得「我們部門不需要指導手冊」。

指導手冊其實是一種管理工具（用於管理工作的工具），只要這樣想，所有職種、單位，都需要它不是嗎？

無印良品總公司有一本名為「業務標準書」的指導手冊，它的頁數是MUJIGRAM的三倍以上，總共達6,608頁。總公司的各部門到底從事何種工作，對其他部門來說，可說一無所知，就像一座黑暗大陸般的神祕，而指導手冊就是要讓這座黑暗大陸變得清晰可見。

在著手編製MUJIGRAM後不久，我們就開始重新檢視總公司的業務項目。業務標準書的編製方式也和MUJIGRAM一樣，會定期搜集、更新來自第一線的經驗與知識。

例如，一般人可能覺得，公關、商品開發、店舖開發等工作，並不需要指導手冊。然而，假如把「釐清工作內容、讓任何人都能接手處理」當成是指導手冊的用途之一，就有許多寶貴資訊可以編成指導手冊了。

舉例來說，我們把名片的管理納入了指導手冊中。這麼做的目的是希望由那些與重要往來對象碰面次數較多的課長統一管理名片，藉此讓大家共享資訊，相關人員在搜尋往來對象的資訊時，也能更有效率。

假如在指導手冊中具體提及名片資料該如何輸入，像是「要在備註欄填寫對方的特徵或對他的印象」等等，那麼不管誰來當課長，都同樣能夠做好名片管理的工作。

此外，我們也在指導手冊中規定必須將「談生意時的筆記和部門全體成員分享」。過去，洽談生意靠的都是個人經驗，只有當事人自己保有，但這樣會讓談生意變成自我滿足的工作。

假如考量到「生意是為誰而談？」、「生意是為何而談？」等原始目的，就會得出「為了組織」，以及「拜訪店家是為了顧客」等結論。在這樣的前提下，談生意時得到的相關資訊，

就應該公開出來，使其在組織內部累積下去。

我們設計了分享資訊的表單，也規定了該如何填寫談生意的日期、對象、內容等事項。最重要的是，談生意時順手記下的東西，假如填寫的內容有疏漏或錯誤，一同前往的同事就可以幫忙修正，這樣就不會出錯了。

無印良品在編製指導手冊時，雖然基本上會針對各部門編製，但還是需要統一的格式。

假如只由各部門自行編製，將無從檢驗是否已將工作內容可視化。很多時候，一旦部長換人，長久累積的內容，就跟著煙消雲散，業務也無法順利交接。這樣的話，就失去編製指導手冊的意義了。

為防止這樣的情形，我們設置了統一管理指導手冊的單位，不交由各部門的人編製內容，而是以「外部者監督業務交接」的型態進行，這樣才能確實留下知識。這個專設的單位，一旦發現員工出現有別於業務標準書內容的行動時，就會詢問理由。只要能藉由良好制度打好管理業務內容的基礎，就算出現人事異動，也一樣能夠無縫交接工作。

把7,000件客訴降至1,000件的風險管理法

任何企業每天都會碰到客訴,公司內部也常會因為溝通不足等因素,發生各種問題。

企業的全體成員,得先共同了解錯誤或問題何在,才能讓這些問題由壞事轉變為好事。

MUJIGRAM光是針對「危機管理」,就專門寫成一本;業務標準書中,也列有關於「風險管理」的指導內容。現在的企業尤其重視法規,無印良品也成立了法規遵循委員會,建立因應現代法規的體制。

將風險管理納為手冊內容時,重點在於一定要把「具體實例」與「因應方式」寫進去。

許多企業或團體也會編製法規遵循手冊,但大多只是說明「我們設有諮詢窗口」,或是只陳述諸如「不可以性騷擾」、「不可以濫用權力霸凌同事」,或是「不能擅自使用他人個資」這類禁止事項而已。假如只是用來讓外面的人知道「我們公司有在注意這些事」的話,這樣或許已經足夠,但這樣的內容明顯並不足以成為公司內部管理風險的指南。

和其他指導事項一樣，一定要清楚寫出，在什麼樣的狀況下該如何因應，才能讓讀的人真正學會處理方法。例如，MUJIGRAM 裡頭寫到，一旦顧客提出客訴，第一時間一定要謹遵以下五點：

1. 針對客訴中事實的部分致歉

2. 仔細聆聽顧客的發言

3. 記下重點

4. 掌握問題

5. 複誦一次

不僅如此，每一項的旁邊還會寫上「不要找藉口，聽顧客講完」、「把顧客陳述時的用詞記下來」等注意事項。

雖然客訴最後會由店長妥善處理，但每一位店員都要學會如何做好第一時間的因應。就算處理客訴的是新進店員，顧客還是把你當成和一般無印良品的店員一樣，因此，只要是店員，都要學會處理這樣的工作。

就算是不需要和顧客直接接觸的部門，和往來廠商之間還

是可能發生問題。所以，在我們的業務標準書中，就針對服飾雜貨部等有可能與往來廠商因為簽約或交易事項發生問題的單位，編寫了風險管理指導內容。

部屬犯錯或引發問題時，有些主管可能只會以一句「下次要多小心」帶過，這位員工未來或許就會注意不再犯錯，但問題是，其他部屬哪天也可能犯下同樣的錯。

出錯或遭遇問題時，重點不在於必須像查嫌犯一樣找出是誰犯錯、追究他的責任，而是該把相關資訊搜集起來，當成未來防止類似狀況再次發生的素材。要做到這樣，就必須設計一套表單規格，好好管理這些曾經的錯誤。

無印良品建立這樣的制度後，二〇〇二年下半年，原本有高達七千件的客訴，隔年就慢慢開始減少，到了二〇〇六年上半年後，就一直停留在一千件上下。

我認為這樣的成果要歸功於我們事前做好了防範，不讓可能一再發生的客訴再次出現。

運用手冊培育人才

　　我在西友擔任人事課長時，主管曾對我說：「松井啊，財會部的員工要能夠獨當一面，得花上十五年的時間！」他的意思是：「財會工作大致上可分為商品會計及財務等四大類，把這些工作全部經歷過一遍，得花上十五年」。

　　但如果真是如此，財會部門的員工到退休為止就只能做財會工作了。等到工作十五年，把財會業務都學會，已經是四十多歲的中階員工了。

　　這時，就算把他調到營業部或商品開發部這些不同領域的部門，他們大概也一竅不通吧。所以，往往只能把他們派到相關企業去做財會工作。

　　這不僅會使得人才難以流動，組織也會跟著僵化，而且這樣的結構，也可能讓各部門成為派系的溫床。

　　如果財會部的員工只關心如何守住財會部的利益，銷售部的員工也只關心如何維護銷售部的利益，公司將強盛不起來。企業需要能夠促進人才流動的制度，才能去除這類惡習。

　　一樣工作得花十五年的時間才能學會，主要是因為主管都

是以口頭方式教導部下，形成封閉的「口頭傳授世界」，而我決定，打破這樣的限制，把這些口傳的內容明文化。

我希望新進員工也能理解這些原本得花十五年學會的工作到某種程度。雖然，過去耗費漫長時間學習的員工紛紛反彈，表示「不可能在短時間內學會」，但我依然沒有讓步。

在後來完成的業務標準書中，財會部的業務項目裡，光是與店面有關的會計作業，就劃分為十一類。裡頭具體記載了顧客以信用卡或商品券付費時的處理方式，以及開設新店時一些必須採取的動作。有了這本手冊，負責財會工作的人員，就能一面閱讀這份業務標準書，一面操作了。

建立這樣的制度後，財會工作的負責人員，只要兩年時間就能學會處理各類工作，只要五年時間，就能成為獨當一面的財會部專員，也就是說，透過指導手冊將有助於快速培養企業人才。

此外，碰到負責的員工異動時，交接工作也會變得十分順利，而且部屬在碰到棘手問題時，就算主管不在身邊，一樣可以參閱指導手冊，得知該採取何種行動才對。

我發現，很多時候，部屬可能會因為主管下達的指示不

同，被迫必須一再重做同一件事。為了防止這樣的狀況發生，可以先在部門內部統一大家的做法，工作就能更順利推動了。

用手冊減少教育人才的錯誤

相信很多人應該都有過辛苦教育新人的經驗，事實上，教育新人的工作，很大一部分取決於教授者的技巧。

無印良品培育員工時，也會用到MUJIGRAM。舉凡如何應對顧客、服飾該如何疊放、店內該如何打掃等等，每項工作的意義與操作順序，都鉅細靡遺地條列其中。就我所知，日本恐怕沒有一家服飾業者或零售業者編製這樣的指導手冊。

MUJIGRAM不但有這樣的內容，還另外編了一份給教導者參閱的指導手冊，名為「銷售員TS（Training System；教育系統）」，也就是把「如何教導別人」方法化。

例如，要教導新進店員如何「疊放衣物」（在陳列服飾時的疊放方式）時，必須依照以下步驟：

1. 告知目的與要實現的目標

2. 以實際商品為例，說明重點，並且先示範，再要求照做

而這份手冊的目的何在？我認為目的是使無論誰來教導，都能讓對方學會同樣的事情。

每一家企業都會碰到一種情形，那就是明明是同一項工作，但因為教導者不同，使用了不同方式教導，或是疏忽了某個事項，實際操作就產生出入。為了去除這種落差，讓任何一家店的任何一位員工，都能學會同樣的知識與技能，就必須提供一本標準教材給教育者。

編製這樣的指導手冊有個好處，那就是就算是第一次負責教育新人的主管，也能夠清楚知道該教些什麼。

企業普遍都會舉辦新進員工教育訓練，但我們也常聽到，教導的人往往因為不知道該教些什麼好，而導致教育訓練成果不彰。

如果每年都要訓練新進員工，為何不乾脆編製一份「如何教導新人」的指導手冊呢？這麼做，不但可以把公司的理念傳達給每一位新進員工知道，也能夠把同一套工作方式完整地教

給他們。

很多人在擔任主管時，都會有這種不滿，那就是「明明薪水和之前一樣，為何非得負起教導部屬的責任不可？」假如在教導部屬時，大家各用各的方法，一旦部屬沒有展現出預期中的表現，高層就會歸咎於「教的方法不對」。凡此種種，都會讓教導者缺乏動機，意興闌珊。

但若能事先規劃好教導方式，毋需仰賴教導者的幹勁或能力，這樣的不滿不就跟著消失了嗎？

我認為這麼做，不但可以讓教導者體認到教導部屬也是一項重要工作，也能去除他們心中「被迫接受」的感受，他們的教導動機，甚至會因為這個制度而提升。

制度是「文字化→提案→改善」不斷的循環

無論手冊寫得多好，光是編製出來而不使用，也只是紙上談兵而已。唯有全體員工實際使用，賦予它生命，手冊才能發揮功能。

那麼，我不斷強調「讓公司打通血路的指導手冊」究竟是什麼樣的東西呢？就讓我舉個具體例子吧！

在無印良品，要當店長必須具備衛生管理者、防災管理者等八種不同資格。過去員工都是在當上店長後才去取得這些資格，雖然要取得並不困難，但在店裡工作很忙的情況下，店長必須暫時放下工作另外學習，其辛苦可想而知。

幾年前，有員工提出了改善方案，建議在當上店長前就先取得這些資格，規定員工當上代理店長後，就必須先參加準店長的先修教育訓練，趁那時把所有必要的資格都一併取得。

我們聽取了這個意見，改採只要完成代理店長的教育訓練，就等於直接取得店長的所有資格。像這樣只要把指導手冊編製出來，就能看出一些過去只靠大家默契處理的工作存在什麼問題。

此外，只要不斷聽取員工的意見或提案，逐項改善、累積成果，那麼所有的工作方法，就會慢慢變得更為合理。唯有形成這樣的循環，才能成為打通公司血路的好制度。

更重要的是，如果主管不率先使用指導手冊，制度將很難在組織裡生根。因此，無印良品每個月會檢核店長一次，以確

制度得以順暢運作的循環

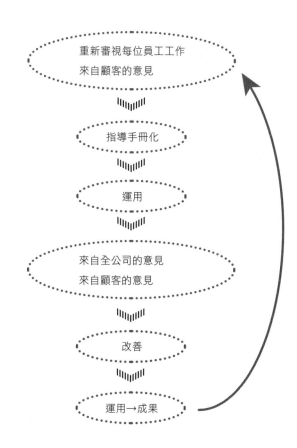

一面打造制度，一面反覆改善，工作就會愈做愈有效率、愈做愈好！

保第一線人員真正學會充分運用指導手冊。

因為主管自己都未能掌握的事，部屬就更不可能掌握了。唯有主管自己徹底活用指導手冊，才可能讓它展現生命。

走一條「最後能通往正確方向」的路

本章具體介紹了無印良品藉由指導手冊實現V字型復甦的祕訣，最後只有一點要提醒各位注意的，那就是只花短短一、兩個月的時間編製出來的急就章，用處絕對不大。大家務必切記，我所介紹的手冊編製方式，並非今天學會，明天就能馬上派上用場。

就如前面提到的，唯有不斷改善，並且帶著耐心，歷經漫長的編修過程後，指導手冊才能逐漸發揮功效。當初編製MUJIGRAM時，一開始我也覺得找些堪稱模範的企業，參考他們的指導手冊即可，以為只要看看別家公司的手冊，再把不同之處修改，加入符合自己公司的內容，就可以完成編製工作。

於是，我跑到時尚服飾業者思夢樂那裡，參閱他們的指導手冊。他們公司每年會從員工那裡收到五萬項以上的改善建議，經過逐一檢視後，每個月都會據此更新手冊內容。他們的指導手冊是實用度很高的「活手冊」，只要三年時間，內容甚至整個完全翻新。

　　當時，我心想「這個好」，回公司就準備模仿他們編製手冊，沒想到一直編不出第一線能用的手冊，為什麼呢？

　　這是當然的，因為公司不同，一切就都不同。舉凡經手商品、商品的數量、員工人數、往來對象、店面大小等事項，沒有一項是一樣的。如果這些重要因素都不同，指導手冊的內容當然也不同。

　　思夢樂是以最優秀員工的工作方法為範本，把這些資深員工長年在職涯中養成的知識與智慧，當成是手冊的基本骨架。

　　長時間累積下來的指導手冊，可說就是他們的企業文化，就算我拿到無印良品照著使用，也不可能有所幫助。

　　指導手冊不光是將業務標準化後的操作手冊而已，也和企業文化以及團隊理念有關，可以說必須建立在這兩大基礎之上，才能發揮它的功能。因此，就算得花費較長的時

間，指導手冊還是只能靠自己的雙手，一點一滴發展出來。MUJIGRAM也是花了五年左右的時間，才上軌道。

有時繞遠路，反而能夠找到真理，這是我多年的體會。

這也是我的信念。迷惘的時候，就選擇難走的那條路，最後就能走上正確的道路。指導手冊的編製絕非三、兩下就能完成，但必然有助於實現團隊的變革。只要帶著信心持續做下去，一定會有成果。

第 4 章

精準來自簡單

「準時完成工作」、「撿垃圾」是基本功

能夠在產業裡持續名列前茅的企業，都有很簡單的共通點。這些公司通常都會要求員工徹底做到「好好問候別人」、「看到垃圾要撿起來」、「遵守工作完成的時間」等等這些在小學裡就學過的做人基本道理。

這些做人基本道理，可以建立起組織的文化與風格，成為守護組織的最後堡壘。各位公司裡的成員，是不是也遵守這些基本道理呢？假如未能遵守，企業可就亮起危險燈號了。

我發現，在無印良品的業績下滑時，這些「基本道理」也跟著蕩然無存。為了讓員工學會這樣的基本功，於是我決定要把它設定為每個月的目標。

此外，我不只告訴員工有這樣的目標，我還成立了一個名為「內部控管暨業務標準化委員會」的部門，負責確認員工是否真的做到。我甚至還會利用全社大會的場合，報告實施的結果，並激勵大家提升達成率。

這些都是無印良品正在推動的措施，今後應該也會繼續推動下去。假如不持續提醒大家，等到員工一忙，就容易輕忽這

些基本功。一旦決定要做，就要徹底推動，而且要推到連員工都快被你煩死的地步，領導者必須具備這樣的執行力。

如果各位正為了如何指導自己的部門或團隊而煩惱，何不試著先從這樣的基本功做起呢？

領導者確實有許多課題必須面對，像是達成營收目標，或是刪減成本等等，但如果把王城建在一個缺乏牢靠堡壘的基礎上，很可能須臾之間便遭攻破。先建設堡壘或許給人捨近求遠的感覺，但只要能建立起堅實的堡壘，再採用一波波提升業績的戰略，必能培養出實力堅強的工作團隊。

徹底做好問候，就能減少不良品

問候是溝通之本。

每天早上出門散步時，若碰到住家附近的人，我都會向他們說聲「早安」。有些人會和我簡單聊幾句，但也有些人無視於我，直接通過。然而，從這樣的小動作中，就可以看出一個人的本性。

在無印良品，不但門市要徹底把問候的功夫做好，就連總公司也是如此。無印良品內部每個月都會設定一個目標，並公布在布告欄或電梯旁，「問候他人」也曾被我們設定為當月目標。

那時，包括我在內，所有高階幹部，每天早上都會輪流站在電梯旁，帶頭問候前來上班的員工。

此外，我們也提供各部門主管一份五階段的問候檢核表，讓部屬每天下班時，自我評鑑是否做到這些事。不由部門主管單方面評鑑，而由當事人自己打分數，主要是為了不讓員工有「被迫這麼做」的感受。

假如員工有強烈的「被迫」感，是無法把工作做好的。因此，我一直認為硬性要求員工照做並非良策。

或許會有人納悶，都什麼年代了，還在講「問候」？但我認為這對於建立團隊成員的互信關係很有幫助。

一個團隊如果工作成果一直不好，這個團隊的根本問題，通常不在於「缺乏能力」，而是因為成員之間溝通不良，或是互信薄弱，才會導致績效欠佳。在這種狀態下，無論推動何種改善方案，都無法成為致勝的團隊。

「自我評鑑工作基本事項」評分表

三月份的重點主題「徹底注重問候規則以及以先生小姐稱呼對方」的實施評分表

～問候最基本要做到「音量大，有精神」～

※ 部門主管自行評鑑部門內部的實施狀況，並於該欄目標記（標記用符號：所有成員都做到＝○；部分成員沒做到＝△；很少人做到＝╳）。

	項目	1日 星期五	4日 星期一	5日 星期二	6日 星期三	7日 星期四
1.	是否做到面對任何人，隨時都以○○先生／小姐稱呼對方（嚴禁加上阿、小、老之類的親暱冠詞，或是直呼名字）？					
2.	是否做到以笑容向來店顧客問候「歡迎光臨」、對結帳顧客問候「您辛苦了」？					
3.	上班時，面對一起搭電梯的同仁，是否大聲且有精神地向對方問候「早安」？					
4.	上班時，一進入辦公地點，是否以大聲且有精神地向大家問候「早安」？					
5.	下班時，是否做到向大家說一聲「我先走了」？					

與其開口訓斥部屬，還不如要他們徹底做到早上向同事道聲「早安」、下班時向大家說「辛苦了」。光是這麼做，就能建立互信。要想打造出一流企業與一流團隊，就必須徹底把日常小事做好，包括問候在內。而且，主管不能只是指示部屬這

麼做，最重要的是自己要帶頭採取行動。

我們公司的一位外部董事酒卷久先生，是佳能電子的社長。有一次，我到他們的工廠去參觀，地點是在埼玉縣秩父，那時，我看到全體員工在一塵不染的環境中，生氣勃勃地工作。工廠裡的員工有很好的團隊合作默契，一看到不良品，就會馬上停止生產線，一起探究導致不良品出現的原因。

事實上，這家工廠過去也曾有過一段業績低迷的時期，那時，在工廠工作的多半是泰國、菲律賓、中國等地派來的勞工，他們多半不懂日文。

而佳能電子採用的是「單元生產」的體制，只要一個人或少數人就能把一項產品生產到將近完成的地步。這些不懂日文的員工進入團隊後，就算在生產時發現「好像哪裡不太對」，也不會講什麼，就直接交給下一個人繼續處理，因而成了不良品出現的溫床。

但聽說等到主管做了一件事，讓大家的溝通變得密切後，問題也就漸漸解決了。

那件事就是某天早上，全體高階幹部站在工廠入口處，向所有前來上班的員工大聲問早。慢慢的，員工也開始以開朗的

態度回應，不久後同仁之間也開始彼此問候、交談，漸漸醞釀出一種和樂的做事氣氛。

之後，這些作業員一旦察覺「哪裡不對勁」，不等任何人指示，就會停下生產線，聚在一起研究出錯的原因，使得工廠及早能夠修正導致不良品出現的原因，而且還創下半年左右不良率為零的出色紀錄。

只不過是早晨問聲早安的簡單溝通，卻使得不良品大幅減少。

那麼，如何才能成為一家有執行力的公司？答案很簡單，唯有「改變企業習性」才有可能。

所謂的企業習性，其實就是一家企業的行事風格，也就是企業文化。

只要能培養出其他公司無法模仿的文化，毫無疑問就能成為任何時代都能存活的長青企業。豐田汽車與本田汽車是大家經常學習的典範，兩家公司都是因為建立了明確而穩固的企業文化，才得以在遭逢危機時，馬上重新站起來。

改變企業文化其實並不難，只要把「彼此問候」與「隨手撿垃圾」這些理所當然的事都做好，就能脫胎換骨，成為最有

實力的企業。

以先生、小姐稱呼主管

各位在公司都如何稱呼部屬或後輩呢？

是不是對方若為男性，叫他時就說：「喂，○○」；若為女性，叫她時就說：「喂，小○」？相信很多人都是如此。至於那些擔任主管的人，大家一般就會以「○○課長」、「○○部長」稱呼。

但在無印良品，我們要求全體員工以先生、小姐稱呼同事。面對部屬，男的就加上「先生」，女的就加上「小姐」；面對主管，也一樣用先生、小姐稱呼。當然，公司員工都叫我「松井先生」、叫金井社長為「金井先生」。無論是開會這種公事場合，或是私下場合，都是如此。

很多組織與單位的成員，碰到輩份比自己低的人，都會直呼其名。在這種把直呼後輩名字視為理所當然的組織裡，往往對會長、社長、專務、常務、部長這類階級意識都很強烈，存

在一種「面對職位比自己高的人，不許回嘴」的氛圍。

　　沒錯，這樣的團隊確實能發揮某種類型的實力，就像學生時代的社團活動，不管主管或前輩說什麼，這種公司的員工都一律回答「是」，言聽計從，對於領導者來說，是很容易帶領的團隊。

　　但大家也常說，這樣的組織，發展有其極限。因為由上而下式的組織，會形成一種部屬不主動做事的文化。部屬很容易只知等待指示，也會因為害怕主管發現，而掩蓋自己犯下的錯誤或問題。

　　就算一再要求部屬「勇於表達意見」，但依然無法消除他們的心理障礙。要想改善，唯有改變公司內的上下關係。因此，無印良品才會要求大家無論面對任何同事，都以先生、小姐稱呼。

　　假如對輩份比自己淺的人就直呼其名，很容易讓工作變成只有單方面的溝通。單方面溝通會使組織產生弊病，像是部屬不把察覺到的問題或不滿往上呈報。唯有形成雙向溝通，第一線的重要資訊才可能往上傳遞。

　　以先生、小姐稱呼同事，不光是為了讓公司同事打成一

片，更是為了讓資訊、意見更為流通。

有些團隊雖然不會直呼他人名字，但是會用「阿○、小○、老○」這類暱稱或綽號稱呼別人，這樣的團隊也有問題。用這樣的方式稱呼，容易把團隊變成同好俱樂部或大學社團，團隊內部產生的是親暱感，而不是互信關係。

要打造有實力的團隊或部門，重要的是培養出一套相互敬重、彼此信賴的組織文化。

主管以先生、小姐稱呼部屬應該很容易做到，至於別人若用先生、小姐稱呼他，又會如何呢？

身為部長、課長等主管，假如部屬用先生、小姐稱呼他都無法接受，就如同築起一面高牆，不讓他人挑戰權威。這種心態會讓組織內部的溝通停滯，形成一種有事不講的文化。

提案書最多蓋三個章

企業的規模愈大，決策過程往往就愈冗長。

首先，文件會由主事者先蓋章，再交給課長或部長蓋章。

蓋完後，再交給財會部、法務部、人事部、系統部等部門傳閱，等到文件送到最終決策人，也就是某位董事手上時，往往已經蓋了十個章以上了。

過去，無印良品也曾有過一段遇事必須蓋七、八個章的時期。例如，要把日報或業務聯絡事項送交分店時，除了送交文件的同仁及他的課長要蓋章之外，掌管所有分店的銷售部門負責人也必須蓋章。

而且，聯絡內容不同，還必須到處給不同部門蓋章。涉及配送業務時要找物流部門蓋章，開立發票時要找財會部門蓋章，購買辦公用品時，要找總務部門蓋章。

為了蓋章，負責同仁必須拿著文件拜訪各部門，如果對方不在，作業就當場卡住。就算對方當天沒請假，只要人不在位子上，當事人就得一跑再跑，實在是一種欠缺生產力的做事規矩。從文件製作完成當天，一直到送達店裡，最多要花四天的時間。

於是，我就請大家思考：「一份文件是不是只需要銷售部門負責人、主事部門主事者與負責人三人蓋章就好？」但公司內部卻出現這樣的反彈聲音：

「拜託至少要蓋五個章。人事部必須知道開店計畫，否則無法擬定雇用計畫。」

「假如我們部門沒收到這資訊會很困擾。」

諸如這類的意見很多。大家都想要收到「資訊」，這顯示出主事部門出於防衛意識，希望能取得相關部門的認同，而其他部門則抱持「我也想要擁有權限」的地盤意識。假如放任這種情勢不管，公司將成為優先追求各自部門利益的分裂組織。

最重要的是，耗費太長的時間做決策，根本無法發揮執行力。因此，即使眾人反對，我還是決定，一份文件「只需蓋三個章」。

現在拜網路之賜，又更進一步提升效率，總公司與業務部門間可以透過內部網路聯絡，連蓋章都不需要了。雖然還是存在一些像簽呈需要蓋章的文件，但已經把蓋章數控制到最少了。

由於決策過程縮短，公司就會成為事事講求速度與成效的企業了。

最重要的是，這可以讓提案部門付起執行之責，未來假如

執行不力，責任歸屬，就很容易釐清。不再像過去必須在文件上蓋滿相關部門主管的印鑑，也就不會再出現「所有部門都有責任」這種模稜兩可的結論。

要想打造出足以敏銳因應市場變化的組織，就得先建立能讓有權決策者即刻決定、即刻執行的制度。

師法其他公司的智慧

無印良品的制度幾乎都是師法其他公司的智慧，或從中得到靈感，加以改良，當中甚至沒有我們原創的想法。

我們不斷向其他公司汲取智慧，但為何我們要把「參考別家公司」當成基本做法呢？不外乎一個事實：「一群同質的人再怎麼討論，也討論不出新智慧」。

無印良品在二○○四年實現了V字型復甦，營收與利潤的狀況也都很好。在那樣的環境下，我們開始檢討過去那套講情份、依年資敘薪的人事制度，並重新評估各種福利制度，把福利津貼改列在可以反應出工作表現的直接人事成本中計算。雖

然金額完全沒變，但工會卻提出強烈的反對意見，表示「明明公司業績這麼好，怎麼可以減少福利津貼」？

聽到這意見時，我覺得公司可能又要出問題了。因為每當企業的業績呈現長紅時，往往就會出現一些可能會影響業績與經營的事。

於是，我開始推行「30％委員會」計畫。這個計畫是為了把當時約34％的「管銷費用率」（管銷費用除以營收），降至30％左右。經過一番努力，最後我們成功省下每年54億日圓的成本。

這個30％委員會是由我親自擔任委員長，每週二開會，從二○○四年八月開始，一共開了280次的會議。

會中主要討論各種降低成本的可行策略。小自減少加班、降低辦公用品成本，大至藉由重新檢討店面租金與室內裝潢節省成本，各種非得全面改革無印良品的制度，都在我們的討論範圍。

剛開始時，我們的管銷費用遲遲減不下來，而且不但如此，反而還變高。那時，所有高階主管與相關部門全都拚命研究管銷費用增加的原因，卻還是一樣。

這是「一群同質的人再怎麼討論，也討論不出新智慧」的最佳例子。在同樣的環境下接觸相同資訊的同一群人，你要他們提出新想法，是有其極限的。因此，必須找來不同性質的「外部」人士，借用他們的智慧，才可能看到問題點。

　　我也一直深信企業外部必定存在許多熟知經營管理的人士。

　　由於當時內衣業者黛安芬的「早晨會議」甚獲各界好評，我遂前往現場參觀。黛安芬的早晨會議是由社長吉越浩一郎先生親自主持，由高層簡報各項新的企畫案，會中會當場決定是否通過該案，如未通過，就回去重新修改，隔天再做一次簡報，重新挑戰。五十項左右的案子，可在一個半小時的會議中逐一做出決定，可說是一場充滿速度感的會議。

　　我一方面覺得「這樣的開會方式，應該只有吉越浩一郎才辦得到」，但一方面也發現，簡中有許多值得參考的資訊，像是以下幾點：

1. 務必要決定案子的完成日
2. 會議資料必須簡潔、切中要點

3. 決策要迅速

於是，回公司後，我們馬上採用了一些可以即刻實施的做法，像是「會議一定要開到案子完成日為止」、「不把時間花在準備開會資料上」等等。

成效極好，而這樣的「智慧」如果只靠公司內部討論，是絕對討論不出來的。

知道到「哪裡」找線索，也很重要。

無印良品也曾經參考過「超大型企業」的做法，因為我覺得，企業能夠成長到某種規模，背後必定存在某些智慧。

但實際查訪過後，我才發現，實務性的知識不該找大企業學習，反而要向「中小企業」、「創業者型的企業（高層的色彩濃厚）」以及「管銷費用低的企業」學習。與其學習管理團隊與基層距離遙遠的超大型企業，還不如師法能夠迅速解決第一線問題的中小企業，因為它們的實務性知識已經扎根扎得很深。

當然，其他公司的知識與經驗，未必就能直接移植到自身的組織使用。如同前面提到的思夢樂，每個組織都有不同的文

化、結構，成員所具備的技能也不同。因此，從其他公司學到經驗與知識後，能否掌握重點，轉化為能夠運用於自身組織的知識，就需要「轉譯」的能力了，這種能力也很重要。

若能借重其他企業的智慧，就會察覺公司內仍有許多可以改善的地方。為此，我們必須養成觀察外部環境的眼界，而非一味關心公司內部的狀況。

和其他公司深度交流

我們經常可以看到，幾十個人搭著好幾台巴士，到話題的企業工廠去參觀。像這樣的「參訪」，無論跑多少次，能學到的東西還是很有限。基本上，往往只會得到「這座工廠真棒」的感想就結束了。

如果無法把學自其他公司的經驗與知識帶到第一線實行，參訪就不具意義。因此，光靠企業高層之間交流，效益很有限。要讓彼此徹底交流，就必須讓雙方第一線的員工建立起能夠交流的關係。

例如，雙方可以共同舉辦讀書會，並在會後的聯誼活動中，建立足以坦率交換意見的個人關係。換句話說，如果採購專員遇到系統方面的問題時，就會想到「來找那家公司的某某人商量一下好了」，立刻打電話給對方企業的負責專員。這樣的做法才會有助於形成互動良好的溝通環境。

無印良品會定期找其他公司舉辦讀書會，或是請其他公司的負責人到社內集會中演說。知名食品業者波路夢的社長吉田康先生、生活日用品零售商CAINZ的社長土屋裕雅先生，以及服飾業者波茵特的會長暨社長福田三千男先生，這些在第一線活躍的人士蒞臨我們公司演說時，都提供了不少重要見解，提點我們如何看穿事情的本質。

我也多次告訴員工：「我們公司視為理所當然的做法，在其他公司未必理所當然」，敦促大家平常要對自己認為理所當然的事抱持懷疑的態度。

我一直認為，如果不把眼界看向公司外部，就無法精確掌握自己所處的位置，也將無從察覺需要改革之處。

之前有一次，我們和思夢樂合辦讀書會時，大家碰巧討論到貼在商品上的標籤種類。我就問思夢樂的專務：「你們貼在

商品上面的標籤一共有幾種？」

標籤固然是用來標示價格，但無印良品會在標籤上寫上商品名稱以及商品的「背景資訊」（開發該商品的緣由以及它的材質、功能、環保觀點等等）。那時，無印良品從服飾到文具用品，一共使用203種標籤。思夢樂雖然以服飾為主，卻只用了三種標籤，就足以管理種類龐大的商品。

聽到這樣的情形，我才首次體認到，我們自以為非用不可的203種標籤，實在是太多了。這正屬於「公司視為理所當然的做法，在其他公司未必合理」的情形。

由於每種標籤的尺寸與設計都不同，耗費的成本其實不少，而且還得委託國內外二十七家廠商幫我們生產。

對無印良品來說，標籤可說是「商品的門面」，可以藉此展現出無印良品的風格，但卻沒有任何人想過，標籤也可以是檢討的對象。為了改革，就算是再怎麼不可侵犯的神聖領域，還是得下手。

那時，我請當時負責商品開發的常務重新審視我們所使用的標籤，最後縮減為98種，也將生產的廠商減少到只有兩家。由於對每家廠商的下單量變大，單價也就降低，最後光是

在標籤方面，我們就省下了兩億五千萬日圓，成本變成只有原本的一半。

我們必須經常抱持謙虛的態度，意識到自己所知道的絕對不是全部，才可能想出新點子。

除了一面認知到自己與組織內部的思考框架，還要一面藉由外界的刺激，破除自己對事物想像的界限，絕不能只埋首於公司內部。

有管理學之父稱號的彼得‧杜拉克（Peter F. Drucker）曾說：「人類社會中，唯一確切的事就是變化。無法自我變革的組織，面對明天的變化將無法存活。」

變化才是成長的泉源，組織或團隊假如只把眼界放在內部，形同染上致命絕症。許多領導者都很努力，希望讓自己的團隊或部門有所成長，並且對於那些未能如自己期許成長的部下，感到無力、困擾。

我也一樣，當上社長約莫一年時，也有同樣的煩惱。最後，我得到如下的結論：

組織的發展，不可能高過於領導者的器量。無論再怎麼變

更組織的制度或體制，到頭來，它依然不可能成長到超越領導者器量的層次。既然如此，積極打造一個能夠讓團隊成員接觸異質文化的環境，就是領導者的責任與義務了。

以溫水煮青蛙的方式慢慢影響反對者

出於本能，人類面對變化往往抱持著警戒心。無論變化對自己是好是壞，都一樣。因此，面對改革或創新，周遭一定有人會抗拒。

對於團隊或組織中的抵抗勢力，多數領導人會利用自己的位置或權威，不斷說服，或拚命找尋彼此的妥協點，想辦法把反對的論點壓制下去。

但我不會那麼做。我通常會以「溫水煮青蛙」的方式，慢慢感化他們。

很多人聽到「溫水煮青蛙」都會有不好的印象，並且這樣認知這句話的意思：

把青蛙放進滾燙的水時，牠們固然會因為太燙而跳出來，但若把青蛙放入常溫水中，再慢慢提高溫度，牠們就不會察覺溫度的變化，慢慢被煮熟。由此可知，員工如果身處於溫水般的組織裡，就會變得難以察覺業績或環境的變化，不知不覺陷入難以挽回的境地，而在形容這種逐漸衰微的組織體質時，常會以「溫水煮青蛙」來描述。

其實，這種「溫水煮青蛙」的現象，如果用來慢慢感化反改革的勢力，反而很有效。趁著反對者尚未察覺變化時，一步步加速改革。採取這種讓人不覺痛癢的方式，就能推動不致於讓員工感到痛苦的改革。

例如，我在推動MUJIGRAM時，就碰到不少反對力量。於是，我刻意把反對的這些人，找來擔任MUJIGRAM的編製委員，一旦成為負此責任的專員，就必須積極編製不可了。

他們一開始或許會帶著「無可奈何」的心情，但人只要是為自己特別有研究的領域設計制度，都會願意貢獻智慧。

這些負責編寫的同事會慢慢把諸如「商品展示統一成這樣比較好懂」、「這件商品擺在這個位置不是比較好拿嗎？」的

個人經驗與知識，分享給全公司的人。這麼一來，他們當然就會努力推動改革，不再是反對勢力，並告訴第一線同仁，應該要積極活用它。

此外，我們新進員工的教育訓練，也會使用MUJIGRAM做為教材。

剛到無印良品工作的員工，因為是「一張白紙」，很容易就能接受MUJIGRAM的理念與知識。

而我們每年都會使用MUJIGRAM舉辦新進員工的教育訓練，以MUJIGRAM為工作標準的員工就會慢慢增加，組織文化也會自然而然慢慢改變。當然，還必須做好店長的教育訓練。

我還在西友集團的人事部服務時，曾負責教導新進員工。我發現，在教完問候、儀容等基本事項後，他們會暫時照著你的建議去做，但幾個月後，你再到店裡去視察，就會發現不是問候做得不確實，就是疏於注意儀容。

幾經思考，我察覺一家分店的店長假如做事不嚴謹，員工的工作方式也會跟著散漫。

有些店長開始非常排斥照著MUJIGRAM做事，但是，在

總部多次指導之後，他們還是會改變自己的工作方式。那時，我們很希望店長及早適應，因此，用了一點強制力。

溫水煮青蛙的方式或許是既花時間、又繞遠路的方法，我也確實耐心煮了三年。但我認為，到頭來，這才是最快到達目的地的捷徑。

就算以蠻力壓制反對勢力，或是勉強找出雙方共識，依然無法真正改變團隊或組織。唯有等到成員自然而然採用改革方式做事，並視之為理所當然，才稱得上是真正的改變。

幹部三年內不調職

過去七年，日本換了七位首相。

當上首相不到半年時間，在野黨或媒體就開始攻擊內閣，輿論也跟著批判，導致支持率下滑，執政黨內部就出現追究責任的聲音，逼退首相，這樣的狀況，一再在日本上演。

我認為再怎麼優秀的人才，這麼短的期間裡，也不可能有辦法完成什麼事。首相周遭的政治人物以為，只要換了領導

人，國家一定會自動改變，才會把國家的危機不當成一回事。

在我還沒擔任社長前，無印良品服飾部門三年內就換了五位部長。三年五個人，每個人平均約七個月就交棒。

每當服飾銷售下滑，公司內部開始檢討原因，總會做出「身為領導人的部長不對」的結論，造成他們一個個下台。

相信本書讀者應該也有很多部長或課長，對這樣的事都不陌生。部門出現問題時，領導者負全責，這樣的說法乍看之下合理，但重點是，就算這時換領導者，也無法徹底解決問題。

假如三、兩下就換領導者，下一個成為領導者的人就會因為害怕下台，傾向打安全牌。這將導致部門不可能進行脫胎換骨的改革，只是把問題延到未來而已。到頭來，等於沒有領導者。

有鑑於此，當上社長後，我決定重要主管必須在同一職位上待超過三年不得調職。這可以讓領導者好好定下心來找出部門問題，徹底予以改善。找出責任歸屬固然重要，但目的不是追究個人責任，而是為了找出問題的根本原因。領導者必須自己察覺問題，推動改善，才算具備執行力。

我剛當上無印良品事業部部長時，曾經問一位課長：「那

家分店的業績為何不好？」課長回答我：「那個是『人禍』啊！是店長的經營方式有問題。」聽到這樣的回答，我非常驚訝，心想：「他根本完全沒有弄懂問題的本質！」

把責任推給別人，覺得事不關己，不去看問題的本質，停止思考，這樣的態度，根本不可能徹底解決問題。在推敲員工之所以會產生這種想法的原因時，我想到可能和規模較大的企業容易存在「垂直式結構」有關。

例如，我那時為了強化「生產商品的功能」，設置了商品開發部、生產管理部、庫存管理部三個部門，並各設有部長一人，用意在於要這三個部門相互合作。然而，出乎我意料的是，他們不但不合作，還彼此競爭。

庫存管理部為求庫存減少，會採取降價出清商品的做法，該部門還曾經因為庫存管理得宜，接受公司表揚。相對的，生產管理部的工作是做好品管以及提高生產力。因此，為了讓工廠運作效率提高，一旦面對不容易生產的商品，就會面有難色，甚至抗拒。

至於商品開發部，如前所述，會為了推出暢銷商品而不斷嘗試錯誤。久而久之，各個部門變成只考慮自身的利益。

這與現在日本行政部門垂直式結構與各單位只重視自我利益的弊病完全一樣。這只會使部門與部門間意見相左、互推責任，遲遲無法向前邁進。

因此，我決定改由商品開發部的MD（採購專員）統籌一切，由他負責庫存管理及生產管理。這樣子，就能夠讓這三個部門在一位部長的指揮下做事，事情也就順利推動了。

一旦垂直式的結構逐漸改變、水平方向的合作出現，各部門的負責人就會認知問題所在，體認到自己是解決問題的相關人員。唯有如此，才能建立起正視問題的體制。

提升部屬工作動機

要想打造執行力強大的團隊，提高成員的工作動機就是不可或缺的必要條件。說來理所當然，如果成員欠缺幹勁與熱忱，就很難面對工作上碰到的困難。

要提升部屬的工作動機，加薪是一種方法，但這只能暫時提高他們的工作動機，無法長久維持。我認為領導者必須做兩

件事，才能提升部屬的工作動機與團隊士氣。一是賦與工作意義，二是溝通。

為組織建立完備的架構固然重要，但光是改變架構，就形同一台電腦只換硬體、但仍沿用老舊軟體一樣，遲早會故障，再也跑不動。畢竟，我們不能無視每位員工的心（軟體）。

那麼，如何才能讓他們感受到工作的意義呢？

最理想的狀態是，讓員工對所屬的組織或團隊，抱持敬佩的心態。

例如，以前外界對西友服飾有一種「沒品味」的既定印象，這使得服務於西友的同仁，自己都不想在西友買衣服。連自己都無法滿足的商品，顧客當然也不會買。顧客不買，業績自然成長不了，最後造成薪水無法增加，員工更不再以自己服務的組織為榮。

對此，無印良品特別致力於開發出讓員工感到滿足、幸福的商品。假如商品是自己都想要的，當然就會自信滿滿地推薦給顧客。顧客買了開心，員工自己也會很有成就感。

所謂的工作意義，不是光靠有形的數字或金錢就能形成，真正的價值，存在於無形的喜悅或感動之中。

如果部屬提升不了工作動機，就應該再次確認，公司提供的商品或服務，是否足以讓員工感到滿足？

　　維持工作動機的第二個關鍵是「溝通」。簡單講，溝通的重點在於路徑要盡量簡化，對於員工的意見或行動，要適時、用心地給予回饋。

　　假設你有三名部屬，若你只把資訊告訴其中一人，其他人就會對他產生不滿。把資訊一視同仁告訴所有部屬，是做為主管最基本的做人之道。

　　無印良品有個名為「朝會系統」的制度，每天早上店員到店裡上班時，一打開電腦，畫面上就會自動顯示當天應處理的工作、業績目標，以及各種行政事項。

　　導入這項制度的原因是，假如讓各分店自行舉辦朝會，每位店長傳達給店員的內容就可能不同，導致大家接收到的資訊出現落差。若是日後發現自己漏了重要資訊，將造成員工對主管或組織的不滿。

　　為防止諸如此類的狀況，我決定把朝會系統化，並簡化資訊的傳達。

　　這是為了做好全公司的溝通，才建立的電腦系統，假如只

是部門間的溝通，只要使用電子郵件群組，把公布事項寄給全體成員就夠了。

另外，無印良品目前正在推動「生產力加倍、浪費減半」的WH運動（W指加倍、H指減半），這也是一項由下而上推動的制度，由各部門自行決定改善主題，一旦做出成果，公司就會頒發「松井獎」、「全壘打獎」，以茲表揚。除了表揚之外，也會頒發獎金，做為鼓勵。

像這樣認同員工的工作表現也是一種溝通。雖然不一定非得頒發獎項不可，只要真心稱讚員工的工作表現，一樣能夠讓溝通變得順暢，也能激勵部屬更賣力工作。

企管顧問無法讓組織改頭換面

經營戰略也好，人才培育也罷，許多領導者面對公司內部無法解決的問題時，常會尋求企管顧問協助。

假如是為了請他們提供新發現或最新資訊，我想是有幫助的。但若涉及打造制度、改革組織等事項，就千萬不能直接委

由企管顧問處理。

　　之前，無印良品的業務下滑時，各式各樣的企管顧問和掛著各類頭銜的人，都跑來找我，有的還是季節集團的幹部介紹來的，什麼人都有。我當時請這些人提供了幾種關於打造制度的構想，但採用之後，只有其中一、兩項真正有成果。

　　這個經驗讓我了解到，就算找來外部精英擔任作戰參謀，如果公司內部成員不懂得妥善運用，到頭來還是不會有成果。所以，企管顧問的知識或經驗，未必能對組織或團隊有所幫助。

　　說起來也很理所當然，企管顧問在提案時，都會訴諸自己專精或擅長的領域，做為解決問題的對策。然而，這樣的提案，卻未必真能直指問題的本質。到頭來，企管顧問要想發揮功能，還是需要執行力充足的企業領導者一起行動。

　　就算企管顧問幫忙找出問題點，但是否要著手改善，一樣取決於企業的領導者。有時可能會因為公司內部的反抗勢力被迫放棄改革；有時也可能是高層自己錯失大好改革時機。

　　這種只想靠企管顧問幫忙的組織，說穿了在面對未知的問題時，早已失去自己擬定解決對策的能力及危機意識。假如凡

事都要別人教你怎麼改進，就永遠學不會。唯有自己找出問題點、思考改進之道，才能讓這些經驗真正成為自己的資產。

所以，大家務必覺悟，組織或團隊的改革，無法假手他人，只能靠自己的力量完成。

迷惘時就選擇難走的那條路

——

前日本IBM社長椎名武雄曾說過：「未來無法預測，也沒有可供參考的範本」。

在商業的世界裡，每天都必須不停的做決定。很多事並不是因為已經知道正確答案才去做，通常也難以得知做了之後是好、是壞，但是「你只能去做」。

耗費龐大開發成本推出的新商品或新服務，銷售成績不佳，這種事應該大家都曾體驗過，是要繼續賣下去，還是立刻撤退、收手？面對諸如此類的情境時，我們很容易就會選擇比較好走的道路。

但如果是我，會刻意挑選比較困難的那條路。因為，困難

的選項往往潛藏足以解決問題的可能性。

三、兩下就能執行的解決方案確實很吸引人，也可能可以馬上解決「眼前的問題」，但如果只看到問題的表面，未來隨時都可能一再碰到同樣的問題。

無印良品以前有七家設在暢貨中心的分店，我每年收掉一家，到我卸任社長時，只剩下三家。

在暢貨中心銷售的通常是銷售不如預期的商品，或是已經過季、不再陳列於賣場的商品，是一種降價賣給顧客、慢慢把庫存處理掉的方法。尤其是服飾業界，許多品牌與製造商都把暢貨中心當成處理庫存的一種手法。

但無印良品決定不仰賴這種做法，決心要打造一個能夠在當季期間全數將商品賣光的制度。春季商品就從沖繩賣起，秋季商品就從北海道賣起。服飾、雜貨的物流費用並不是那麼高，因此，假設春季商品在九州佐賀的業績不夠好，也可以再送到新宿的分店銷售。光是像這樣改變地點銷售，商品馬上就會暢銷起來。

如果是在網路上預售重點商品，就能事前掌握業績動向。要控制商品生產速度要加快，還是減慢，就必須利用EDI（在

企業內部透過電子管道交換商業交易資訊的制度）與海外的生產地點連線。諸如此類的努力以及制度的改革，已經逐漸成為無印良品的競爭力。相信那些在暢貨中心以低於成本的破盤價銷售商品的企業，與無印良品之間的差距也顯而易見了。

不願冒險，未來就不會為你開啟。

各位從事的是必須冒險的工作嗎？各位是不是在背後支持部屬冒險做事呢？在你停止挑戰的那瞬間，你就失去當領導者的資格。

部屬之所以只挑選簡單的路而不願冒險，應該是因為領導者老是只做這樣的決定。只要領導者自己不斷選擇較難走的那條路，相信部屬在工作中，應該也會願意嘗試冒險的挑戰。

從改變行為下手，不要先想改變個性

有些主管想要改革部屬的意識時，會從比較抽象的精神面切入，試圖改變他們的個性或想法。

然而，部屬的個性不會因為主管喊幾句「只要肯做，你就

做得到」、「你就是幹勁不足」這類強調「毅力」或「精神」的激勵言詞，就乖乖改變。我們連自己的個性都沒辦法說改就改，遑論改變別人的個性，這本來就是不可能的任務。

那麼，如何才能改變部屬的意識或想法呢？依我之見，一個人只要改變行為，意識也會跟著改變。

例如，無印良品設有「區店長」一職，區店長除了管理自己的分店外，還必須同時指導該區域內其他分店。以一般企業來說，相當於組長等級的管理職。當然，每一位區店長都有不同的作風與個性，有些人剛上任時，未必適於擔任管理工作。

對於這類區店長，我並不會藉由教育訓練告訴他們該如何把管理工作做好，而會設計好制度，讓他們在日常的業務工作中，自然而然做出一個主管該有的行為。

具體來說，我們會指派總部監察室的專員親臨現場告知區店長該有的行為與例行業務，並以「在這種狀況下，請這樣去做」的方式具體指導，從各分店必須確認的事項，乃至於如何為店員打分數，都包括在指導範圍內。在區店長學會怎麼做之前，專員會一直親臨指導。

由於各項業務都有一套標準，在這種制度下，無論誰當上

區店長，都能夠扮演好區店長的角色。

等到看見成效後，就會更加明瞭身為主管該有的想法與作為了。

大家常講：「身分與環境造就一個人」，在企業組織也是這樣。

每個人都不是天生的幹才或領袖，而是為了要扮演好自己的角色，才逐步改變行為。因此，公司應該把基本制度建立起來，讓那些個人就能解決的問題，交給當事人自己去判斷。組織雖有制度，還是可以有個人發揮的空間。

假如你想要讓原本話不多的部屬積極和人溝通，你該做的不是告訴他與人往來的重要性，或是責備他的消極，而是要幫他準備一個制度，讓他每天非得找人交談，才能改善他的缺點。

所謂的意識改革，不必從改變個性下手，只要讓員工改變工作方法，就會自然實現。

第5章

「努力就有成果」是有技巧的

面對工作，若只和少年棒球隊的孩子一樣，籠統地抱持著「我要努力」的心態，是最糟糕的。

　　業餘的世界還能容忍這樣的心態，但在專業的世界裡，假如努力過後沒有成果，只會被大家認為你能力不足。

　　何況就算是在少年棒球的世界裡，如果想當投手，還是必須想好自己要透過何種步驟才能贏得這項資格。比別人多一倍的練習也好，跑步或鍛鍊肌肉也罷，有了想法之後，還要採取行動，才可能成為正式球員。絕不是一股腦地努力，重要的是要用什麼方法努力。

　　在商業的世界裡也一樣。

　　無印良品同樣存在不少會回答：「我知道了，我會努力」的員工。這樣的人似乎都有一種傾向，就是重視努力這件事，但比較不會去想「我要在什麼事上、透過何種方法努力，才能創造出成果」。

　　說來理所當然，工作要做出成果，才算是完成。假如只是努力，卻沒有成果，就表示你努力的方式有問題，我舉個代表性的例子。

　　無印良品在二○○一年導入了自動下單系統，在那之前，

賣場負責下單的同仁，對於進貨工作都覺得很有成就感。一旦自己認定「會暢銷」而大量採購的商品大賣特賣，就會很開心。因此，打烊後，他們往往還會花時間為商品排列優先順序，並設想該在什麼時機點、進什麼商品最好。每晚，他們都待到最後一刻，才趕去搭最後一班電車回家。

公司很感謝他們能夠對自己的工作這麼認真、自豪，然而，雖然他們這麼努力工作，業績卻不佳，庫存不斷堆積；而且很多時候，分店還會出現暢銷商品缺貨的情形。

碰到這種狀況，他們會以「因為這個月的雨天比較多」，或是「因為銷售狀況比想像中還好」這類模稜兩可的藉口帶過。

眼看著下單採購成了「孤注一擲」的工作，於是，我導入了自動下單系統。系統上線後，第一線傳來了不滿的聲音。

一直以來看著同仁下單的人，看到他們沒了工作的落寞樣子，都覺得「好可憐」，很同情他們。所以，系統剛上線、第一線的作業還很混亂時，總有人開口批判：「這種工作果然還是得靠人工處理。」

然而，結果如何呢？

我們花費在下單作業上的時間，大幅減少了。由於省下來的時間，可以用來處理新工作，員工處理的工作類型增加了，反而讓大家能力提升不少。過去他們努力把下單工作做好，確實讓人很感動，但如果無法做出成果，終究還是得檢討努力的方式。

在你把眼光放在「乍看之下似乎需要努力的事上」，並且一股腦地把心力投注在這件事情上面之前，應該先問問自己：「我用這種方式努力，真的適切嗎？」

用方法把工作耗費的心力
一口氣減少到五分之一

那麼，該如何建立與運用制度，才能把努力連結到成果上呢？說真的，這件事並不容易。

我們在導入自動下單系統時也是如此，因為要把過去仰賴下單同仁的經驗法則和直覺，改為依據制度作業，因此，我也很清楚，第一線的同仁一定會提出諸如「機械不可能取代人類

累積出來的工作智慧」這類不滿聲音。

所謂的自動下單系統，就是可以根據銷售成績、市場動向、季節等資訊，預測單一商品的銷售量，據以進一週所需的商品量。這個制度很簡單，只要商品數量低於標準庫存量就會自動下單，不需要借用直覺或經驗法則。

雖然第一線同仁感到不滿，但這系統還是慢慢出現了成果。而且，我本來就不是一個會因為批判而退縮的人，我會要求系統改善，但絕對不會放棄改革。

在建立新制度時，採用舊做法的人理所當然會反對。一開始幾個月，稍微忍一下是必須的。

無印良品也一樣，新系統在經歷一番磨合後，還是「慢慢」融入了第一線工作中，成為與第一線作業緊密結合的制度。這不僅使我們不再需要「下單作業」，修正庫存的工作也從50％降至10％，等於大幅提升了生產力。而且，還不只這樣而已。

更重要的是，一直以來仰賴個人經驗或直覺的工作，變成可以累積的資料了。說得更明確一點，每個人的寶貴經驗與直覺，變成了大家共享的制度。這是建立制度（而且是血流暢通

的制度）的好處之一。

許多管理團隊或部長、課長，看到部屬努力工作，都很開心，更有許多企業對於員工連續熬夜加班給予「工作努力」的好評。這種態度就像前面提到的，是不注重「努力方式」的管理。

長此以往，將永遠不可能提升生產力、改善工作效率，這樣員工的努力豈不白費了嗎？

領導者應該要負責構思「只要努力，就能有成果」的制度。

找出原因，問題就解決了八成

———

假設營業部的業績一直很低迷，在推敲滯銷的原因時，大家很容易會討論到「賣的方式不對」，認為應該改善銷售話術或是待客態度。

但這些真的是問題的原因嗎？

營業部的員工之所以無法獨當一面，或許不是他們的技巧

問題，而是因為部分頂尖業務員，沒有把他們的經驗與知識分享出來。

假如團隊成員都認為「沒必要把這種經驗與知識分享出來」，或是「不想拿出來和別人分享」，根本問題將永遠隱而不顯。

又如果領導者經常藉由彼此競爭，以拉抬業績的話，員工也會不願把經驗與知識分享出來，業績不佳的人只會愈來愈失去幹勁。只要不改變這種相互競爭的做法，就會製造出愈來愈多業績不佳的業務員。

沒有找出問題的根本原因，就解決不了問題；沒掌握問題的本質，遇到問題就很容易只採取治標的方式處理。因此，解決問題的首要之務在於「讓問題可視化」。

假如問題無法可視化，就不是個人問題，而是企業文化或制度的問題。

企業迴避檔案管理，或許是因為每個人抱持事不關己的態度，認為「不要和麻煩事扯上關係」、「只要把上面交辦的工作完成就行」。然而，如果大家都是這樣的想法，問題的根源就永遠不見天日，一定要有人深究問題根源，把它發掘出來，

加以改善才行。

我剛當上社長時，無印良品服飾雜貨部的業績很低迷，為了提振業績，我大力推動「檔案管理」，堅持先把銷售資料可視化、仔細分析過後，再擬定對策。這樣的做法說起來很簡單，但卻從未執行。

無印良品光是服飾雜貨就分成五個部門，問題是各部門的管理單據都各不相同。原因在於，各部門的專員都是自己以Excel檔案管理資料。那時，並沒有任何制度，可以同時看到服飾雜貨所有部門的資料。

例如，光是男裝就分為T恤、襯衫、夾克、毛衣、長褲等等，種類繁多。而且，同一種商品還可能有V領、U領等多種設計，再加上尺寸又各有數種，花色也有素色與條紋之別，光是一種商品，就可分成許多不同款式。

過去，都是交由男裝的負責專員詳細分析眾多商品中，哪些款式暢銷、哪些不暢銷，再據以擬定對策。

因此，只有負責的專員才熟悉各類相關資訊，像是在哪家工廠下了多少訂單、再製品（製造到一半的商品）有多少、成品會在哪天的什麼時點入庫、滯銷品要從哪天起打多少折扣出

清等等。

但這會讓公司無法擬定有效的整體對策，公司的應變能力，變成綁死在員工的能力之上。

而且，一旦主事者離職，所有資料也就跟著消失，使得新來的主事者陷入連單一商品與前年同期相比的數值都掌握不了的狀況。為了讓這些東西可視化，我建立了能夠一覽所有資料的管理系統。

例如，新商品的銷售動向必須在推出後的第三個星期做出判斷，而這套系統會明確標出條件，讓任何人都能看懂。

系統上線後，不論是要因應銷售動向踩油門（增產）、踩煞車（停產），或是要把分店的庫存調往銷售狀況好的其他分店，都不是問題。還有一個極大的好處是，有了這套系統就可以透過網路預售的方式，預先掌握銷售動向。

這種本質性的解決方案使無印良品二〇〇〇年留下的55億日圓庫存，三年後減少到只剩18億日圓，約莫縮減了三分之一。由於營收數字沒有太大改變，光是讓無謂的庫存減少，就形同把生產力提高三倍。

我一直認為只要找出根本原因，就能擬定精準的對策。在

找出問題原因的當下，問題就已經解決了八成。

　　大學教授或研究人員寫論文時，都會先調閱該研究領域過去的研究或案例，再針對尚未研究的部分或仍在實驗中的問題，擬定假說，予以證明。

　　企業的問題基本上也是用這樣的方式解決。

　　可以先分析過去的問題及成功案例，再構思自己的解決方案，付諸實行。假如一開始的分析太草率，接下來的解決方案，當然也會跟著不精確。

　　問題往往潛藏在出人意表之處。我之所以要推動組織的透明化與檔案化，就是因為不希望漏看問題的成因。

桌面整潔的公司營收就會成長

———

　　各位是否看過有人把辦公桌上的文件或檔案堆得像小山一樣，好像隨時會崩塌？或是座位四周的紙箱堆得像城牆一樣呢？我想任何公司至少都會有一、兩張這樣的辦公桌吧。

　　過去，無印良品的總公司，也有很多人的辦公桌如此。

桌面上放了一堆資料，只剩下約莫一張紙大小的作業空間，桌子下方還擺了裝在紙箱裡的樣品，幾乎連擺腳的空間都沒有，無論當事人負責什麼工作，都讓人覺得不可思議。

　　於是我實施了「清桌運動」，下令所有人的辦公桌都要清理整頓。不僅下班離開公司時，桌面上不能擺放任何私人物品，甚至連正在進行的工作文件也一樣，桌上只准擺放電腦和電話。如果只是把原本放在桌面上的東西塞到抽屜裡，當然也不行。

　　剪刀、釘書機、膠水等文具用品，也改由全部門共用。因為如果交由員工個人持有，每個人的物品將不斷增加。剛推動此活動，把大家平常沒使用的文具用品搜集在一起時，簡直是堆積如山。交由員工個人保管，不但增加公司成本，而且再多空間也都不夠放。

　　另外，我們也徹底做到大家一起共享公務文件，這麼做的目的不只是「減少用紙」。

　　以前，無印良品的員工都喜歡自行保有資訊，為避免這樣的狀況，也為了將工作完成的關鍵從「個人」轉移到「組織」，我們現在正推動文件共享制度。

製作完成的文件不由個人自行保管，而是整理到任何人都能輕鬆找到的檔案夾裡，並依部門別放入檔案櫃中。我們甚至還把檔案櫃的門也拿掉，因為這也是一種可視化。

現在如果討論到「三個月前會議中的某份資料」，任何人都能三、兩下就找出來。假如像過去，要在資料成堆成山的辦公桌上搜尋，或是到用途不明的櫥櫃裡去找，就得花掉不少無謂的時間。這種無謂的事如果累積多了，就可能成為降低生產力的致命傷。

共享文件還有幾個好處，像是同事間的溝通會變得更容易，資訊的傳達也變得更精準、確實。

我想大家一定常碰到這樣的狀況：主事的同仁休長假或出差不在公司，往來廠商剛好來電詢問，其他同仁就得慌張與主事者聯絡。

假如把文件共享出來，並集中管理，其他同仁若要代替回覆，就不是問題。當然，工作異動時，交接也會變得更順利。而且，若是決定推動檔案管理，就要徹底實施。

以無印良品來說，我們成立了「清桌」小組，負責定期檢查各部門辦公桌與檔案櫃，以確保大家徹底做好整理工作。後

來還因為物品減少，將多餘的空間用來擺放咖啡機，設置一個讓員工討論事情和休息的地方。

我們也在店面推動同樣的檔案管理。

過去要到倉庫取貨時，女裝就由女裝專員負責，文具就由文具專員負責，只有他們知道要拿的商品放在倉庫的哪裡。因此，我們在MUJIGRAM中仔細規範了庫存的管理方式，現在就算不是負責專員，一樣能夠找到商品存放的位置。

這也可說是一種提升資訊傳遞力的制度。

清桌活動與倉庫管理，用意不單單在於做好整頓工作而已，也是為了藉此改變企業文化與制度。因為辦公室整理得整整齊齊的企業，不但是管理有序的組織，也是擅於對外發布資訊的企業。

寫下工作的完成期限

一件事情如果沒有設定完成期限，就不能算是工作。

身為團隊領導者，除了為自己的工作設好完成期限之外，

也應該在工作分派後，設定部屬的完成期限。但很多時候，主管往往「只要看到完成期限，就以此滿足」。這樣的主管有時可能連自己工作完成的期限都會忘記。

而且，這樣的主管所帶領的部屬必定也無法遵守完成期限。有些人的工作量不多，卻還是無法在完成期限之前完成工作，問他為什麼，答案不外乎是「有其他工作在忙」、「臨時有人拜託我做某件事」。

就算訂出完成期限，當事人還是可能無法遵守，而這其實是能透過制度解決的問題。

解決方式是，把工作的完成期限可視化，無印良品就設有兩種制度，把所有業務項目的完成期限明文寫出。

第一種制度是在各部門設置「完成期限板」。

我們以部門為單位，將「完成期限板」放在部門主管的辦公桌附近。當主管分派工作給下屬時，就必須將負責同仁的姓名、負責內容以及完成期限寫出來。只要在期限內完成就打〇，超過期限就打✕。

有了這樣的制度，每個人正在處理什麼工作，完全一目瞭然，也能夠即時掌握進度。而全體成員一起檢視工作完成期

限，會自然產生一種正面的緊張感。

第二個制度是，在公司內部網站裡設立一個名為DINA的系統。

所謂DINA，是Dead Line（完成期限）、Instruction（指示）、Notice（聯絡）、Agenda（會議紀錄）的第一個英文字母的組合，意思是可以在電腦上共享所有部門的業務指令及聯絡事項。

例如，開完會，企畫室的負責人把會議紀錄打好，公布到DINA系統裡，讓全體員工瀏覽、了解。若有「今天某個電視節目中介紹了我們這款商品」這類資訊，也可以貼在DINA裡，和大家分享。

雖然部門內部的各別工作不會貼在這裡，但是像開店計畫這類牽涉到其他部門的案子，就一定會上傳到這裡。

例如，假設在會議中針對生活雜貨部下達了「提升商品組裝說明書品質」的指示，就要把指示的具體內容公布到DINA系統中，並輸入「何時之前必須完成」。

確認單位內所有成員都已看到公布內容，也很重要。

假如單位中有人還沒看過，畫面上就會出現╳。由於連誰

還沒看都能清楚掌握，主管就可以提醒還沒看的人確實執行。而且，並未參加會議的人也一樣可以同步獲得資訊，不會遺漏。

假如這項工作在期限前完成，負責主管就在系統中標記「完成」。假如期限到了，卻還沒完成，就必須重新審視指示的內容或日期，設定完成期限。在這樣的系統管理下，業務的進展狀況完全都在掌握之中。

這是參考廣島某家醫院的系統後，才開發出來的版本。這些制度為無印良品帶來兩種效果。第一是促進PDCA的循環執行。

所謂的PDCA循環是一種依照規畫（Plan）、執行（Do）、評核（Check）、改善（Act）四大流程實施的管理技巧。

主管要求部屬提企畫案，假如不是那麼急，有時並不會設定完成期限。但因為缺少完成期限，就不清楚計畫目前發展到什麼階段，難以連結到執行、評核與改善上。若能設定完成期限，再予以可視化，任何工作就不會只流於紙上談兵，能即刻付諸實行，啟動PDCA循環。

第二種效果是，可以讓主管牢牢記住自己下過的指示。

多數主管都很忙，一不小心可能就忘了自己下過的指示，若能藉由明文化與全體成員共享資訊，就能防止這樣的狀況。

事實上，無印良品將工作完成期限明文化後，大幅提升了生產力，除了確保所有業務都能毫無疑漏地執行之外，也因為被規定必須在期限之前完成，讓員工有更強烈的工作動機。

報告、聯絡、商量有礙於員工成長

報告、聯絡、商量三件事，簡稱「報・聯・商」，是工作中必須做到的基本動作，許多社會新鮮人在進入公司時，也都被這麼教育。

這三件事確實很重要，但忙碌的主管就算聽取所有部屬的報告，也無法一一回應。他們自己的工作都忙不完了，如果聽完部屬的詳細報告後，還得一一裁示做法，將使工作效率大打折扣。

無印良品是用前面介紹的DINA系統確認工作進度，以取

代報告、聯絡與商量。只要完成期限一到，主管就會根據資料確認成果如何；假如尚未完成，只要找出問題，就能繼續執行。

　　基本上，小問題就在部門內尋求解決；但若出現重大問題，就要迅速將資訊呈給管理高層，由經營團隊出面解決。由於是在關鍵時刻發揮作用，而不是漫無目的報告、聯絡與商量，因此，不會降低工作的完成速度。

　　多數人都認為，報告、聯絡與商量除了可藉由部屬向主管呈報資訊，促進雙方溝通，還可以在錯誤還未釀成大禍之前就先處理掉。

　　不過，我的看法是，過度的報告、聯絡與商量，反而是有礙部屬成長的行為。

　　部屬若經常和主管討論工作，就很難培養他們自主思考和獨當一面。例如，我們常會聽見以下的對話：

　　「今天早上您指示的這件工作和這件工作已經做好了。」
　　「企劃書已送交A公司，但他們反應不是很熱絡，怎麼辦？」

每當部屬向主管報告這類事情時，就會變成凡事等主管判斷。這會讓員工無法養成自我思考、自主行動的判斷力與執行力。這麼一來，公司將充斥「只要聽從主管指示就好」的員工，無法培育出獨當一面的將才。

假如得要主管指示才會做事，一旦主管外出或因為開會不在，工作進度就跟著停滯，最後將造成工作的完成速度減緩、生產力低落。

此外，過度的報告、聯絡與商量，也會導致員工以「垂直聯繫」為重，疏於「水平聯繫」。換句話說，過度重視報告或商量往往會使員工忽略與其他部門的連帶關係。

我常告訴員工：「適合一個部門，不一定適合一個公司」。

例如，假設人事部想要重新配置人力，因而徵詢各部門對於人力的需求。海外事業部表示為了拓展海外分店，希望增加人力；品質保證部為了提升品質水準，也希望增加人力。假如完全接受所有部門的需求，人力勢將無止境地暴增下去。然而，企業必須把人力的增加控制在不能超過營收成長率的範圍內。

在無印良品，這樣的問題會交由社長裁決。畢竟，最懂得

「公司整體」的人，莫過於社長了。

由於過度的報告、聯絡與商量會把員工的意識局限於所屬部門，容易形成只知考量內部利益的部門主義。若想養成宏觀全局的眼界，領導者就不能把握在手裡的韁繩拉得太緊，這也是成功領導的一大關鍵。

徹底執行「晚上六點半下班」

無印良品在法國、義大利、西班牙等歐洲國家，也都設有分店。開幕時，我曾到當地視察，深切感受到拉丁語系的生活方式與日本人相當不同。

日本人用餐也像在工作，下班後就算去餐廳用餐，也是三分鐘就決定點什麼，而且，還會因為隔天要上班，早早就回家。對他們來說，用餐只是為了果腹。

相對的，很多人都聽過，拉丁民族午餐一吃就是兩小時，就算沒有到喝紅酒的地步，還是會盡情聊天，把精力充飽之後，再回到公司繼續下午的工作。

因此，他們會比較晚下班，等到八點過後才吃晚餐，並且會花三十分鐘決定喝什麼紅酒以及吃什麼，再一面與夥伴開心交談，一面用餐。酒足飯飽後，還會和朋友們聊個沒完，一頓晚餐可以吃到凌晨一點左右。

當我還在納悶：「玩到這麼晚，不會影響隔天工作嗎？」沒想到隔天九點一到，他們又來上班了。

我想「享受人生」應該就是形容他們這樣的生活方式吧。這種在工作之餘好好享受個人時間的生活方式，確實更符合人性。

例如，之前我們要把一些派到拉丁語系國家十年左右的員工調回日本時，竟然有人表示：「已經無法再適應日本的企業文化了。」並且決定辭掉工作，留在當地居住。後來我們甚至有個不成文的調職規定：「避免把員工外派到拉丁語系國家超過十年以上」。雖然聽起來很像是在開玩笑，但員工一旦在拉丁語系國家工作，價值觀就會全然不同。

反觀日本上班族的生活，完全相反。

多數人從早工作到深夜，還因為工作勞累，週末連出門遊玩的力氣都沒有。等到渡過好幾十年這樣的上班族生活，面臨

退休時，才恍然自問自己究竟還剩下什麼？

　　無印良品的員工都很熱衷於工作，之前也曾有過把留下來加班視為理所當然。尤其是商品部員工，每天都忙到搭末班電車回家，而週休二日的其中一天得要忙著洗衣和打掃，另一天才能真正休息。這樣的生活不僅讓員工無法提升生產力，也無法在工作上提出創新想法。

　　因此，我就任社長後，就下定決心要去除員工的加班習慣。

　　當然，就算突然宣布「天天零加班」，也不可能隔天達成。所以，我們一開始先把一星期的其中一天訂為「不加班日」，在那天規定全體員工都按時下班。結果出乎意外，一下就做到了。於是，半年後我們把不加班日增加到每週兩天，雖然一開始有些混亂，後來也總算達成。

　　再來，就要採取全面不加班的措施。這次要徹底讓全體員工都做到「傍晚六點半準時下班」。

　　這就困難多了，雖然時間一到，我們會準時關燈讓員工離開，但有些員工會假裝離開，隔一會又跑回公司來加班。也有人把工作帶回家做，這樣也失去不加班政策的意義。

會加班的人，差不多都是同樣那幾個。這樣的人都有個共同特徵，就是做事非常認真。一項工作其實有特別重要的部分，也有枝微末節的小處。

　　例如，要在會議中簡報新商品時，最重要的是「讓企畫案通過」，但這些特別認真的員工，往往會花許多時間準備簡報資料，連枝微末節的部分都想做到完美。

　　我的意思不是「為了不加班，就可以任由工作品質低落」，而是要讓員工體認到，在上班時間內把工作完成的重要性，進而設法提升自己的工作效率。

　　例如，雖然開會時要把需要用到的資料做成投影片，但只要部門預先決定好投影片格式，員工就能直接把資訊套用進去，不必多花工夫。透過資訊的共享，既可提高生產力，又不會讓工作品質下滑。

　　此外，很多人雖然看似八小時都在工作，其實還是花不少時間在玩樂上。無印良品曾調查過員工對於網路的使用量，結果發現有25％的員工承認上班時曾經瀏覽與工作無關的網站。

　　像這樣重新審視工作方式後，就能找出許多不做也無所謂的工作，或是浪費時間的工作。

看清工作的本質，就能大幅提高生產力。就算一天同樣工作八小時，完成的工作量必定也比過去多。

傍晚不交辦工作給他人

我認為要想根除加班，最有效的方法還是設置完成期限。

一旦必須在有限的時間內完成工作，勢必會激發員工的專注力，學會安排工作的優先順序。

不過，光靠限定完成期限，還是很難完全根除加班。假如不減少工作量，就得增加員工人數或是增加工作時間，只能從這兩種方法中擇一。

然而，增加員工人數並非真正改善效率。如果只是把同質的工作分給更多員工來做，等於不求進步。因此，真正本質性的解決方式，還是得從減少工作量的方向思考。

於是，我請所有部門自行提出能夠讓員工不加班的解決方案。例如，商品部曾表示公司有一些常用資訊並不包括在目前使用的資料中，必須自己建檔。於是，我就找系統部商量，把

所有必須用到的資料全數釋出。在諸如此類的對策累積下，我們得以把全公司的工作時數（作業量）減少到原本的八成以下。

但要完全根除加班還是很難，所以，我決定先在中間設置「10％的門檻」，也就是在晚上六點半以後，各部門留下加班的人數控制在10％以下。因為公司有時會因為結帳期或商品展示會非加班不可。

我們在二〇一三年把門檻調降至7％，希望進一步提高工作效率。目前，就算碰到財會部門的結帳期，或適逢商品展示會期間，全公司的加班人數還是能控制在7％以下。

根據我的觀察，加班之所以減少不了，問題不光在每個人的工作方式上，也和公司的工作制度有關。

於是，無印良品制定了一條規定，那就是「一到傍晚，不許把新事情委託給別人」。因為主管假如在傍晚五點時，指示部屬製作一份得花上兩小時製作的資料，部屬當然勢必得為此加班。

除了主管外，一般同事如果要委託其他部門幫忙做什麼，也必須讓對方在上午時段就能完成。因此，要交辦工作時，必

須先預估完成的時點，再委託別人幫忙，效率才會提高。

　　很多企業都採行過不加班政策，但大多都是每星期實施一天，絕大多數試圖每天不加班的企業，似乎都以失敗收場。

　　他們之所以失敗，原因在於既不減少工作量，又不增加人員，卻希望工作時數能夠減少，而那是不可能的任務。

　　加班不會只因為設置完成期限就減少，還必須花心思改善工作環境，像是主管要改變交辦工作的方式，公司也要經常改善業務項目，以降低工作時數（去除工作項目或提升效率）等等。

　　由於我是那種做事務求徹底的人，如果我當天必須加班，就會向人事部提出加班申請。一旦公司的上位者帶頭遵守，部屬就會也照著做，大家力求減少加班的意識就會變強。

　　假如員工把加班當成一種工作熱情的表現，主管就必須先導正這樣的思維。因為一個人對於工作的貢獻度不是用時間衡量，而是以成果衡量。

提案書只要一張A4紙

————

每次電視播出國會狀況，就會看到有議員在打盹。

不發言，只聽其他議員你來我往，當然會想睡。和學校一樣，學生如果只是單方面聽課，專注力一定會下滑。

很多企業都會連日召開會議，這點無印良品也一樣。不過，開會如果只是浪費時間，就失去開會的意義。討論議題固然重要，但開會更應該是為了「決定事情，然後加以執行」。開完會後就要啟動執行，在那之前都屬於準備階段。

若要使企業成為一個「執行占95％，計畫占5％」的組織，就應該把花在準備開會的時間控制在最小限度，把時間多用在執行上。

為此，無印良品規定，開會時的提案書僅限於一張A4紙（雙面）。就算遇到開新店這類大型案子，一樣也只許用一張A4大小的提案書。

公司內部並不是一開始就能接受這樣的制度，有人曾投機取巧把原本A3大小的紙張縮小影印為A4大小；也有人在一張紙上同時印出好幾張投影片，然後說：「這樣只有一張。」大

家都用了不少腦筋來做這件事。

雖然我們並未硬性規定提案書的格式，但這個制度的重點在於，是否已經把必要的數字與重要資訊放入其中。

若要開設新分店，除了開店地點的土地周邊資訊、賣場面積、租金、保證金、周圍是否開有其他無印良品等基本資料及銷售目標外，還必須把未來五年左右的預估損益表放進去。

簡報時，再以投影機，將建築物的外觀照片或開店地點的樓層平面圖、周邊區域地圖等資訊逐一分析、說明。

若要把內容都濃縮在一張紙上，就必須事前做好行銷研究與調查。無印良品的業務標準書中也訂出了推動這些工作時的指標。例如，標準書中歸納了應該調查的事項，包括住在開店地點周邊的客群、附近人潮的通行量、周邊既有的商業設施等資訊，繼而透過分析，估算渴望創造的銷售額。例如，根據調查結果，做出「由於開店地點地處郊外，多為家庭客群，且多半開車或騎自行車前來，因此極有潛力創造很不錯的利潤」這類判斷。

由於調查結果直接牽涉到「執行」工作，所以，得好好花時間做好調查工作。而提案書只是文字說明，假如把時間都用

來製作它，等於是捨本逐末。有些人很喜歡在投影片裡放很多想像圖或插畫，或是加入一些複雜的表格，把企畫書做得精美眩目。

然而，這樣的做法已經偏離了工作的本質。

製作企畫書的目的在於讓企畫案通過，而不是看誰做得美侖美奐。我也曾經花好幾天的時間，做出一份厚達幾十頁的提案書。要做出幾十頁的提案書，不但得花許多時間，開會時還得耗費一個多小時做簡報。不僅做簡報的人與聽簡報的人都很累，也會排擠到其他議題的討論，形同損及工作效率。

我認為厚達幾十頁的提案書，其重點還是能夠濃縮到一張A4紙上。假如沒事先想好要把大部分時間花在哪個工作階段上，很可能就會把時間浪費在無謂的事情上。

此外，資訊量太多，反倒有礙於溝通。例如，每間分店每天都會收到為數不少的日報表或通知單，如果沒有先濃縮到一張A4紙的程度，對方可能連讀都不會讀，因為內容太多，讀的人要抓住重點就很辛苦了。

企業經營的成敗往往取決於溝通的質量與速度。有礙於溝通的大量企畫書，將導致企業的執行力大幅滑落。

順帶一提，有些企業會禁止使用PowerPoint簡報，但無印良品並沒有這樣的限制。既然簡報的目的在於傳遞資訊，簡報者要使用PowerPoint，還是Excel，都不是問題，簡報者應該謹記的是，這些都只是傳遞資訊的工具而已。

根據我的經驗，唯有簡報者能把要點都濃縮在一張A4紙上，才算是真的掌握到問題重點。

不開徒具形式的會議

一家企業的執行力，只要看開會狀況就能一目瞭然。

以前無印良品的會議可說徒具形式，因為在會議前早就已經談妥要怎麼做了。例如，假設要開設分店，負責店舖開發的部長會在高階幹部齊聚一堂的會議中簡報，然而，簡報中的內容只有少數人能夠理解。該企畫案是否適切，可能只有開發部部長自己以及社長能夠判斷。

而其他出席的各部門，會因為列席會議，必須提出意見，例如，「附近的人潮通行量如何？」、「都住些什麼樣的居

民？」簡報者假如回答不出來，就必須重新再調查。有時，一個案子雖然負責人重啟調查，也再次列為會議議題，開會時還是會有人提出一些枝微末節的小問題，使得花了幾個月調查的企劃案，三、兩下就被否決掉。

這樣的狀況不僅讓負責人無法接受，最重要的是，讓經營效率大打折扣。

這會導致公司內部蔓延「事前疏通」的官僚文化。大家會去找對這個案子有影響力的高階幹部疏通，提高它受重視的程度，透過運作，讓案子在開會之前先得到私下認同。

這樣的企業文化根本是官僚主義的極致。「事前先疏通好，會議將更有效率」只是出於一種「不想自己一個人負責任」的心態，才會希望藉由開會，把更多人拉進來一起扛責。

在這種狀況下，會議將淪為一種純粹的儀式。重大案子早在事前就已做出結論，會中只討論一些無關緊要的議題而已。無法展開建設性討論的組織，將成為沒有應變能力的官僚機構。

這種「程序更甚於執行」的公司，只會不斷衰退下去。

我當上社長時，公司依然處於這樣的狀況下。一有什麼案

子，部門主管或負責的同仁就會來找我，表示：「希望可以撥點時間讓我們在開會之前先說明一下」。我當下就禁止這種事前疏通的行為。

因為接下社長時，我就下定決心改變制度，要負責的同仁必須自己做決定、負起執行之責。

此外，提案書現在也改由高階幹部或部門主管自己提出。這是為了讓部門負責人在掌握所有資訊後，負起執行風險。因為是否具有「當事者意識」，將會大大影響到一個人的執行力。

現在無印良品開會都很熱烈發言，會議已成為一個大家「集思廣益」的好地方。

由於開會時很容易變成只有兩、三個人發言，因此，只要會議由我主持，我都會把話丟給不同人。每個人得把所有相關數據記在腦中，才能馬上回答我，開會時大家就會聚精會神。為與會者創造一個有利於熱絡討論的環境，也是領導者很重要的工作。

會議會不會流於形式，端看公司的制度如何設計。只要改變制度，會議也可以發揮功能，成為促使組織成長的引擎。

第6章

培養簡單但精準的思考力

工作動機可以被激發

何謂工作？這個本質性問題很難用一句話回答，但對我來說，工作是我「生存的價值」。

每個人一天的二十四小時裡，耗費最多時間的就是工作。假設一天工作八小時，那麼算起來一天就有三分之一的時間花在工作，也就是人生有三分之一的時間都在工作。雖然生活也和工作一樣重要，但讓工作更加充實，絕對是人生的一大課題。

要想讓工作充實，就必須思考如何維持工作動機。

人如果一直做同樣的工作，很容易就會厭煩，碰到工作倦怠的問題。然而，指導手冊這種東西，對於工作動機的維持，很有幫助。所以，不僅組織需要指導手冊，個人也很需要指導手冊。

雖然多數人都覺得，照著指導手冊做事會變得被動，但那是因為照著「別人編製的指導手冊」，才會如此。假如是自己編製指導手冊，就可以從宏觀的角度看待自己的工作，找出問題點以及自己扮演的角色。

只要自己找出問題點，加以改善，徹底執行，啟動個人的PDCA循環，毫無疑問必能提升工作成效。

　　很多人應該都有自己的一套做事方法。假如已經當到部長或課長，甚至還會累積一些老手經驗。但這樣的老手，反而更危險，更可能把工作當成例行公事，使得自己停止成長。

　　任何工作都有例行的部分，然而，如果做的時候漫不經心，就可能會因為過於鬆懈，鑄下大錯。

　　例如，醫療第一線就常出現所謂「跡近錯失」的情形。「跡近錯失」是指「差一點就釀成大錯」，這種情形在工作上並不少見。像是「每天都給病患服用同樣的藥，某天計量改變時，醫護人員第一時間可能會沒有察覺到」，或是「開刀的醫生沒有注意到手術器具不夠齊備」等等。跡近錯失往往會出現在例行公事或習慣性的做法上。無論工作環境多麼危險，一旦每天反覆處理同樣的工作，人的感覺就會麻痺。

　　就像鋼琴或吉他的弦，假如放著不維護，就會鬆掉。為了防止這樣的情形，就必須定期調音或調弦，讓它們保持一定的張力。

　　工作也一樣，必須藉由一些調整，時時保持它的緊張感。

就算是例行性工作，只要編製指導手冊，還是能夠把需要高精確度的工作做好，並且維持工作動機。

最重要的是，這將有助於把工作方式更新到最新版本。

製作自己的MUJIGRAM

那麼，該如何編製自己的指導手冊，以下方法提供給大家參考。

例如，如果每天早上部門有例行朝會，可以試著把朝會的活動內容寫出來：

1. 全體員工彼此問候

2. 傳達要告知員工的事項

3. 由輪到演說的員工發表一分鐘演說

4. 全體誦讀企業理念

有些企業可能還會一起聽廣播節目、做體操，或是唱唱社

歌。朝會如果每天都舉行，久了大家都會感到枯燥，到場的同仁可能會打呵欠，或是一副懶洋洋的樣子。這樣的朝會如果持續舉行下去，很可能會有人說：「要宣布什麼事，用電子郵件群組寄給大家，不是比較有效率嗎？」

這時，你能清楚向他們說明「為何非開朝會不可」嗎？假如無法說明，就證明你自己也是意興闌珊地舉行朝會。

要想釐清「朝會是為何而開」，編製指導手冊會很有幫助。那麼，如果是MUJIGRAM會如何將朝會寫進指導手冊呢？

何謂「朝會」

是什麼：員工在上班前集合，彼此問候與宣布事情的活動。

為什麼：為促進部門同仁的溝通。

何時做：每天早上花十分鐘時間。

誰來做：全體員工。

其中，「為什麼」的部分，各家企業可以視公司的目的調

整內容，像是「為了提振員工士氣」、「為了使員工學會基本商業禮儀」等等。

接下來，就照著前述的目的，如下試著檢視朝會的活動內容：

■ 全體成員相互問候

問候是溝通之本

・要以腹部發聲

・要以笑容問候

・以四十五度角鞠躬，雙手互握於前

・聆聽他人說話時要抬頭挺胸

・若有低頭、音量過小、姿勢不佳、打呵欠者要當場糾正

■ 宣布事情

1. 主管對部屬宣布事情

・本週目標

・上週目標的達成度

・日前會議的決議事項

・其他部門的聯絡事項

・往來廠商若有抱怨，當場告訴大家

2. 部屬若有事報告，必須專注聆聽

最後要檢視，這些規定是否實現了朝會「促進溝通」的目的。

如果發現朝會變成只是主管單方面傳達訊息，那就努力思考有沒有別的方法可以促進雙向溝通。

這時不妨先讓部屬告知目前手邊工作的進展狀況，再給予意見，或許較能達到溝通的效果。或者也可以讓部屬先報告今天一整天的工作計畫，主管若覺得有不足之處，就當場指導，這樣或許也能促進溝通。

像這樣編出指導手冊後，就能確認目前的工作方法是否偏離了工作的本質。就算是朝會這種早已習以為常的活動，有了指導手冊後，就更容易找出問題點或值得改善之處。若能經常思考每天不假思索處理的日常業務，就會發現，原本的工作方法還是有調整的必要。

只要像這樣不斷發現、找出可改善之處，你的工作方式，

就會愈來愈進步。

高超的溝通技巧也能手冊化

——

指導手冊可以依作業別編製，也可以依目的別編製。

像是指導部屬、與主管應對、與往來廠商交涉等情境，都能事先編製指導手冊，讓溝通更順利。

當然，工作中遇到的人形形色色，照著指導手冊做，也未必就能保證順利，但只要懂得基本原理，應用起來就容易多了。各位可以試著構思一套屬於自己的「待客指導手冊」。例如，手冊中可以這樣提示自己「糾正部屬」的方式：

何謂「糾正部屬」

是什麼： 糾正部屬的錯誤或引發的問題

為什麼： 讓部屬認知錯誤或問題的發生原因，要求他們自我反省、促使他們成長

何時做： 部屬犯錯或引發問題時

誰來做：主管自己

■ 糾正部屬前的準備

· 要盡可能選擇兩人獨處時糾正

· 最好在有獨立空間的地點告知

■ 糾正時的態度

· 不要盤手或翹腳

· 不要一面做別的事，要正眼看著部屬

· 對方站著你就站著，對方坐著你就坐著

· 不要情緒化。快要發怒時就深呼吸一下，或是暫時離開

  原地，讓心情平靜下來

■ 糾正時的步驟

1. 先聽部屬的說法

· 在開始糾正前，先讓本人說明

  例：對於屢犯相同錯誤的部屬，可以對他說：「你最近

  犯錯次數有點多，怎麼了嗎？」讓他有機會說明

・部屬說話時不要中途打斷，要聽到最後

・一面聽，一面以動作顯示自己正在聽，讓他更容易講下
　去

2. 再告知自己對於該錯誤或問題的感受

・以我為主語傳達出自己的感受

　例：我原本對你有很高的期許，因此，對你這麼做感到
　有些可惜

・不要不分青紅皂白劈頭就罵

・糾正時不宜使用的說法

✕我想你是工作不夠認真吧？

✕同樣的事拜託別讓我一講再講

✕我本來以為你的能力不只如此

3. 詢問對方有何想法

・以「你覺得如何？」、「你覺得為什麼會變成這樣？」
　的話詢問對方想法

・無論他回答什麼，都不要批判，聽就好

4. 讓部屬自己思考該如何改善

・不要主動幫他想解決方案，否則部屬會失去以自己的力

量解決問題的意願

・假如部屬當場提不出改善方案，就先暫緩，請他「回去想想」

　　與部屬溝通不良的人，一想到罵人就會覺得很煩，但只要把指導手冊編出來，就有助於抒解壓力。

　　不要情緒化，不要發怒。只要能照著前述流程與部屬溝通，就能在問題惡化之前解決。假如溝通還是不順暢，那就再想別的方法，像是改用別的措詞等等。

　　若是能把「避免事項」或「推薦做法」這些自己獨特的方法或訣竅都寫進去，就成為一本有血有肉的指導手冊了。或是也可以用「新進員工」與「老手部屬」這類分類方式，劃分因應之道。

　　其實，每個主管都有一套自己的因應方式，只不過沒有手冊化而已。之所以要文字化，是因為這麼做可以回顧、檢視自己的行動是否偏離主管的本分。

　　那些不聽部屬的說法、只知訓斥的主管，如果在訓斥部屬前，能先想想溝通的步驟，就會察覺到自己指導部屬的方式是

否有缺失。在編製的階段察覺到問題所在，正是指導手冊的效用。

家事也能藉由手冊化提高效率

———

二〇一一年起，無印良品連續三年奪得「最值得服務的企業排行榜」前二十五名。

在招募人才時，我們並未設定男女人數限制，只要有能力就錄取，也很早就建立起生產、育兒、看護等福利制度，這些可能都是深獲外界好評的原因。

日本經濟長期低迷，使得女性婚後也必須繼續工作。在夫妻都有工作的家庭裡，必然都面臨一個問題，那就是家事如何分擔。尤其是孩子還小的時候，有許多與孩子相關的家事要分擔，相當辛苦。

在這樣的家庭裡，試著建立分擔家事的指導手冊，或許也不賴。

聽起來或許像在開玩笑，但可別小看這件事。除了工作

之外，很多事也一樣，只要先規範好「基本事項」，就能廣泛「應用」，讓事情更順利。

例如，可以製作家庭的「家事指導手冊」，女性或許覺得不需要，但對男性來說，應該會是大受歡迎的教科書。

當太太要求你洗衣服、打掃時，有些先生可能連「洗衣粉要用哪一種」、「用量多少」、「衣架放在哪裡」這類基本事項，都搞不清楚，像無頭蒼蠅亂做一通。

假如夫妻常因為分擔家事而爭執，或是因而產生壓力，那就有必要寫一本家事指導手冊，讓雙方都知道該怎麼處理家事，也就不會再出現家庭糾紛了。例如：

何謂「洗衣」

是什麼：用洗衣機洗全家衣服的家事

為什麼：為了讓家人能夠穿乾淨的衣服

何時做：每天早上或晚上

誰來做：星期一、三、五由〇〇做，星期二、四、六由
　　　　　△△做

要像這樣先把「何謂洗衣」定義清楚後，再來思考「洗衣的步驟」。不要只是寫個「洗衣」就算了，也要把「有色襯衫與白色襯衫應該分開洗，以免染色」這類應該注意的小細節，都列舉出來，就能順利完成洗衣作業，不會有任何疑慮或錯誤。

在編製指導手冊時，也會發現到，光是「用洗衣機洗衣」就包括許多步驟。至於曬衣服，或許需要再寫另一份指導手冊。

就算是平常太太不假思索在做的家事，對先生來說，也是未知的作業。假如太太下達的指示不夠具體，先生很可能就無法做出期望中的結果。

以MUJIGRAM這種方式編製指導手冊，不但可以當成夫妻分擔家事的參考，也可以做為要求兒女幫忙家事的依據。我建議大家可以和家人一面開心聊天，一面編製家庭指導手冊。

而且，也要逐步更新手冊內容。假設洗衣工作從一人處理變成多人處理，就可以再加入「待洗衣物的分類方式」，或是隨著兒女的成長調整家事內容。

家人可以經常就目前的手冊內容一起討論，看看能否找出

最好的做法。

或許你會覺得：「不過就是洗衣服而已，有必要嗎？」但據說蘋果電腦創辦人賈伯斯（Steve Jobs）在購買洗衣機時，曾經和家人討論好幾個星期才決定。每天晚餐時，他們會不斷討論要買歐洲製，還是美國製的洗衣機，幾經討論，最後才決定買歐洲製的。

就算只是家事，只要願意嘗試，指導手冊也能成為串聯家人情感的溝通工具。

讓手冊成為持續創造利潤的原動力

有一句話說「莫忘初衷」。我認為沒有比這件事還難做到的了。我這個人很愛吃吃喝喝，一個不注意，體重就會暴增，甚至曾胖到八十四公斤左右，也曾在健檢時發現「脂肪過多、血液太濁」。

於是我有了危機意識，開始在早上出門前慢跑或快走。由於工作的緣故，我經常必須和大家一起用餐，所以每週有兩、

三天的晚餐，我會簡單只吃生菜沙拉，或是乾脆不吃。一開始不吃很辛苦，但堅持三個月後，胃就縮小了，而且能夠維持一種舒服的空腹感。

等到減掉十三公斤左右後，不僅身體變輕盈，而且無論接受健檢或預防性篩檢，都沒有問題，很是安心。不過，一陣子過後，我又開始輕忽，回到原本的生活方式，三年後體重又慢慢增加，十年後我又回到八十公斤了。在我三十歲到五十歲期間，每十年，就會重複同樣的循環一次。

健康（體重）管理和企業（工作）管理有共同之處。

我在書中介紹了無印良品長期打造出來的各種制度，但無論是何種制度，都撐不過十年。

就算是在企業內部引發良性循環的制度，一樣會隨時代的變化而過時。因此，MUJIGRAM 也必須永遠更新下去，否則總有一天還是會成為失去血肉的指導手冊，被束之高閣。

每次無印良品召開全社大會時，我都會一再把書中強調的工作精神，拿出來勉勵同仁。但只要經過一個月左右，就會有98％左右的人，不記得我講過什麼。這並非員工缺乏幹勁，而是人類原本就是如此。

人類很容易忘記事情，就算改善，也會很快就故態復萌。

很多中小企業的經營者對於公司的管理都太過鬆散，導致公司經營出現危機後，才趕緊找來擅長重整事業的專業人士，幫忙重建公司。但等到公司穩定下來後，又會開始故態復萌，就像「好了傷疤，就忘了痛」，人總會試圖忘掉過去的難受體驗或是痛苦回憶。

然而，要經常讓想法歸零，想起自己的初衷，唯有仰賴持續執行。所以，我才會一直在無印良品內部推行制度，即便大家都快煩死了，今後我還是會繼續改革下去。

編製出自己的指導手冊，或是建立起部門內的制度後，並非就此大功告成，反而只是工作的起點而已。只要能不時找出問題的先兆，予以改善，並累積實務經驗，工作方法就會愈來愈精準。

工作上碰到挫折是家常便飯，也會不時出現成果差強人意的情形，但只要緊盯著問題持續思考、持續行動，必然能夠逐步進化。

而出色的指導手冊，可以成為我們持續奔馳下去的原動力。

不焦急、不懈怠、不傲慢

「莫煩惱」，剛當上社長時，我在筆記本裡寫下了這句話。

鎌倉時代，幕府掌權者北條時宗曾因為蒙古帝國（即所謂「元寇」）的來犯而煩惱不已。元寇二度來犯前，他造訪了建長寺，向無學祖元禪師請益，據說無學祖元禪師當時在紙上寫下：「莫煩惱」三個字，送給了時宗。

別煩惱、不要迷惘、不要焦急，只要專注處理眼前的事，是我在「莫煩惱」這三個字裡學到的道理。

在領導者推動改革時，必然會遭逢各式各樣的阻礙。

有來自部屬的抵抗，有成本方面的問題，也有來自股東的反對。身為領導者，不能夠只因為有一面牆堵住去路，就往後退，他應該相信自己想出來的戰略，徹底推動到底。

相信不少主管，都曾陷入「沒辦法把部屬教好」、「自己帶領的團隊遲遲做不出成果」的煩惱中。

但我認為，逆境反而是上天賜與的寶物。

我自己的感覺是，身處逆境，成長反而比一帆風順時要來得多。當初，公司之所以把我從西友外調到無印良品，其實是為了貶降我的職級。

我還在西友服務時，並不是那種會看主管臉色做事的人。

我總是無法順應主流，而在集團的邊緣，照著自己的步調做事，主管也都覺得我很難搞。我想，這恐怕就是我遭貶的真正原因吧。

那時，無印良品隸屬於西友集團，定位為集團內部發展的商店。公司決定把我調去無印良品時，說真的我非常震驚。不過，我的個性是不管給我什麼樣的環境，我都一定會全力以赴。

調職到無印良品後，我成為總務人事部的課長。由於待處理的事務堆積如山，我就一個一個處理，努力做出成果。做著做著，很得上面的稱許，我也就一步步往上爬了。

每當為新進員工舉辦入社典禮時，我常以三種重要的心態勉勵他們：「不焦急、不懈怠、不傲慢」。其實，不光是新進員工，任何人都應該抱持這樣的心態。只要照著去做，就會有發展機會；一旦輕忽，就會失去機會。

正如諺語所言：「塞翁失馬，焉知非福」，未來會如何改變，沒有人知道。就算你覺得自己目前處於人生谷底，也可能哪天就突然谷底翻身。

無論自己的狀況好或不好，我們唯一能做的是，把它當成

磨練自己的大好機會，不懈怠地把眼前該做的事踏實做好，而且要留下成果。

很多人一當上主管後，就志得意滿，把部屬當成自己的手下使喚。有些主管還會把部屬的成績當成自己的功勞對外宣揚，但這種人是沒有人想跟隨的。到頭來，這樣的人往往都會因為上面認為缺乏管理部屬的能力，而遭到降職。

身為領導者，不能只懂得自己帶頭努力達成目標，還必須完成自己肩負的使命，為部屬建立起能夠促使他們主動採取行動的制度，逐步改變他們的想法。

對組織來說，「不焦急、不懈怠、不傲慢」是很重要的堅持，我們也應該藉由編製指導手冊，避免失去希望或流於自大。

相信要不了多久，逆境就會為我們開出一條道路。雖然改革並非一朝一夕能夠完成，但只要不焦急、不懈怠、不傲慢，持續推動下去，總有一天，必能順利走上自己相信的道路。

閱讀筆記

閱讀筆記

財經企管 535A

無印良品　成功 90% 靠制度
不加班、不回報也能創造驚人營收的究極管理

原著書名 ── 無印良品は、仕組みが9割 仕事はシンプルにやりなさい
作者 ── 松井忠三
譯者 ── 江裕真
總編輯 ── 吳佩穎
副總監／責任編輯 ── 黃安妮
封面設計暨內頁設計 ── 莊謹銘

出版者 ── 遠見天下文化出版股份有限公司
創辦人 ── 高希均、王力行
遠見・天下文化 事業群榮譽董事長 ── 高希均
遠見・天下文化 事業群董事長 ── 王力行
天下文化社長 ── 林天來
國際事務開發部兼版權中心總監 ── 潘欣
法律顧問 ── 理律法律事務所陳長文律師
著作權顧問 ── 魏啟翔律師
社址 ── 臺北市 104 松江路 93 巷 1 號
讀者服務專線 ── 02-2662-0012 ｜ 傳真 ── 02-2662-0007；02-2662-0009
電子郵件信箱 ── cwpc@cwgv.com.tw
直接郵撥帳號 ── 1326703-6 號　遠見天下文化出版股份有限公司

電腦排版 ── 立全電腦印前排版有限公司
製版廠 ── 中原造像股份有限公司
印刷廠 ── 中原造像股份有限公司
裝訂廠 ── 中原造像股份有限公司
登記證 ── 局版台業字第 2517 號
總經銷 ── 大和書報圖書股份有限公司　電話／ (02)8990-2588
出版日期 ── 2018 年 12 月 6 日第一版第一次印行
　　　　　　2024 年 1 月 8 日第二版第七次印行

國家圖書館出版品預行編目(CIP)資料

無印良品成功90%靠制度：不加班、不回報也能創
造驚人營收的究極管理/ 松井忠三著；江裕真譯. --
第一版. -- 臺北市：遠見天下文化, 2014.09
　　面；　公分. -- (財經企管；CB535)
譯自：無印良品は、仕組みが9割仕事はシンプル
にやりなさい
ISBN 978-986-320-561-6

1.企業管理 2.組織管理

494　　　　　　　　　　　　　　103017885

MUJIRUSHIRYOHIN WA SHIKUMI GA 9 WARI SHIGOTO WA SIMPLE NI YARINASAI
© Tadamitsu Matsui 2013
Edited by KADOKAWA SHOTEN
First published in Japan in 2013 by KADOKAWA CORPORATION, Tokyo.
Traditional Chinese translation rights arranged with KADOKAWA CORPORATION, Tokyo
through Bardon-Chinese Media Agency, Taipei.
Traditional Chinese Edition copyright © 2014 by Commonwealth Publishing Co., Ltd.,
a division of Global Views - Commonwealth Publishing Group
ALL RIGHTS RESERVED.

定價 ── NT$330
4713510945926
書號 ── BCB535A
天下文化官網 ── bookzone.cwgv.com.tw

本書如有缺頁、破損、裝訂錯誤，請寄回本公司調換。
本書僅代表作者言論，不代表本社立場。

天下文化
BELIEVE IN READING